PRINCIPES

D'AGRICULTURE

ET D'ÉCONOMIE.

PRINCIPES D'AGRICULTURE ET D'ÉCONOMIE,

APPLIQUÉS, MOIS PAR MOIS,

A TOUTES LES OPÉRATIONS

DU CULTIVATEUR

DANS

LES PAYS DE GRANDE CULTURE.

Ouvrage particulièrement destiné aux Propriétaires qui font valoir par eux-mêmes;

Dans lequel ils trouveront

Des instructions intéressantes sur le soin des troupeaux et le gouvernement d'une ferme.

Par un Cultivateur pratique du département de l'Oise.

Le labourer et l'espargner
Est ce qui remplit le grenier.
Olivier de Serres.

A PARIS,

Chez {

Marchant, Libraire pour l'Agriculture, rue des Grands-Augustins, n°. 12.

Samson, Libraire, quai des Augustins, n°. 69.

AN XII. — 1804.

PRÉFACE DE L'AUTEUR.

Annibal, se trouvant à Ephèse chez Antiochus, alla entendre un philosophe nommé Phormion, qui parla pendant plusieurs heures des devoirs d'un bon général. Tous les auditeurs furent très-satisfaits de ce discours, qui déplut singulièrement au Carthaginois : avec raison, dit Cicéron, en rapportant ce trait d'histoire; car *quelle témérité à un homme qui n'avait jamais vu un camp, de donner des préceptes à Annibal? Et tel est le jugement que je porte de tous ceux qui veulent enseigner aux autres ce qu'ils n'ont pas pratiqué* (1).

C'est cette pensée de l'orateur latin qui m'a fait prendre la plume et triompher de la répugnance que je me sentais d'abord à écrire sur une matière traitée, depuis quelques années, par un grand nombre de savans. Aussi, ce n'est pas comme savant, ni pour des savans que j'écris ; c'est comme cultivateur et

____

(1) Cic. de Oratore.

pour des cultivateurs. Le simple cultivateur, je le sais, *est un homme si commun, qu'à peine on a pour lui la sorte d'estime que l'humanité inspire ;* et un auteur judicieux (1) l'avait pensé avant moi. Néanmoins, je ne changerai rien à ma manière de penser, et je soutiendrai toujours qu'il vaut mieux ne dire que ce qu'on sait par expérience, que d'annoncer, avec pompe, une savante théorie dont on ne pourrait assurer le succès.

L'agriculture, comme l'art militaire, ne peut s'apprendre que par des exercices assidus, dirigés par de bons maîtres : or, je le demande, à quels travaux d'agriculture se sont livrés la plupart des modernes qui ont écrit sur cette science ? Peu ont habité les campagnes, et ceux qui y ont fait quelque séjour, ont presque toujours cultivé par les yeux d'autrui; je ne dis pas, par les mains, car, pour cultiver il ne faut que voir; mais il faut voir, et voir sans cesse ; et c'est ce que n'ont certainement pas fait nos savans agronomes. Arthur Young, dans son voyage en France, s'étonne de ce que dans la Société d'Agriculture de

____

(1) L'Auteur du *Préservatif contre l'Agromanie.*

Paris, il n'y avait qu'*un seul laboureur-pratique*(1). Il critique aussi beaucoup l'inscription que Rozier avait fait mettre, à Lyon, sur sa porte :

Laudato ingentia rura,
Exiguum colito.

Mauvaise apologie, dit-il, pour n'avoir pas de ferme du tout (1).

Quant à moi, on ne me fera pas le même reproche; et je dirai comme Olivier de Serres dans sa préface : (depuis dix années) *mon inclination et l'état de mes affaires m'ont retenu aux champs durant les guerres civiles du royaume.* Je puis donc parler agriculture; et on ne me saura pas mauvais gré, j'espère, de faire part au public des réflexions qui sont tout à la fois le fruit de mes expériences, de mes travaux et de mes lectures.

Plusieurs autres motifs m'ont aussi déterminé à écrire. D'abord, c'est qu'il me semble que presque tous les livres d'agriculture qui ont paru depuis un demi-siècle, traitent moins de l'économie rurale, que de nouvelles dé-

---

(1) Tome I.
(2) Tome II.

couvertes et de systêmes entièrement opposés aux anciennes pratiques. Cependant il y a, selon moi, une grande différence entre l'art de bien cultiver, et celui de faire valoir avec avantage : bien cultiver, c'est obtenir de la terre d'abondantes productions ; faire valoir avec avantage, c'est, avec peu de dépense, tirer d'une ferme le plus grand revenu possible, tous frais déduits. Or, ce n'est pas sur la pratique et l'économie que nos plus grands maîtres se sont étendus ; j'appellerai encore à mon secours Arthur Young, qui est si révéré des amateurs d'agriculture, me réservant, quand il sera tems, de combattre l'anglomanie de nos cultivateurs français. *Visitant, à Lyon, Rozier, j'essayai, deux ou trois fois, de faire tomber la conversation sur la pratique ; il s'élança dans des rayons si excentriques de sciences, que je m'apperçus de l'inutilité de mes tentatives. Un médecin, qui était présent, m'observa que si je voulais connaître la pratique, je devais m'adresser à des fermiers ordinaires, faisant entendre que de pareilles choses étaient au-dessous de la dignité de la science* (1). D'ailleurs,

____

(1) Tome II.

qu'est-il besoin du suffrage de l'écrivain Anglais ? Ouvrons les livres de nos savans, que contiennent-ils ? De superbes descriptions de bâtimens agricoles élevés à grands frais; des plantations d'arbres rares, tant indigènes qu'exotiques; l'énumération d'une foule de plantes de pur agrément; la manière d'enrichir nos tables, par une culture plus soignée des herbes potagères; l'éducation de troupeaux de race étrangère; des engrais nouveaux et multipliés qui, en ne laissant pas nos champs oisifs, les couvrent tous les ans d'abondantes récoltes; enfin, la description d'instrumens aratoires, employés successivement par les hommes et les animaux, pour cultiver la terre et y détruire l'herbe. Mais, qu'on y fasse attention, je prie, presque jamais on n'y balance le produit avec les dépenses nécessaires pour l'obtenir; et on se contente d'indiquer les moyens de recueillir beaucoup, sans s'embarrasser si la récolte paiera les frais de culture. Les livres anglais sont les seuls, pour ainsi dire, qui se livrent à ce calcul; mais ils ne sont guère faits que pour les mylords, à cause des avances qu'ils exigent, et parce que leur culture ne veut être pratiquée qu'en grand; ils ne peuvent presque être d'aucune

utilité en France, où l'agriculture n'est pas
un goût dominant comme en Angleterre.

Le Français aime trop ses plaisirs et abhorre
trop la vie retirée et laborieuse, pour demeurer
à la campagne, lorsqu'il est riche. Présentement, que le goût de l'agriculture est plus à
la mode que jamais, on remarque peu de gens
riches qui s'y livrent; pourquoi? Parce que ce
goût est contraire au caractère de la nation,
et qu'on ne devient cultivateur que parce qu'on
ne peut mieux faire, et, pour ainsi dire, par
dépit. Examinons ceux qui font valoir de nos
jours; c'est un financier ruiné qui, méprisant
l'agiotage et l'usure, et ne pouvant obtenir
d'emploi, regarde comme son trésor ce bien
rural pour lequel il n'avait jadis que du dé-
dain, parce qu'il ne lui rapportait que trois
pour cent; c'est un ancien magistrat qui, accoutumé à une vie occupée, et ne pouvant
plus long-tems rester oisif, quitte la ville, et
remplace le travail de cabinet par le travail
des champs; c'est un militaire, las du métier
de la guerre, qui aime mieux commander à
un nombreux domestique et cultiver paisi-
blement le champ de ses pères, que de conduire des bataillons à travers les canons en-

nemis; c'est un commerçant qui, après bien des pertes, réalise en bien-fonds les débris de sa fortune et ce qui a pu échaper aux banqueroutiers ou aux corsaires; enfin, c'est un émigré rentré qui, instruit par ses malheurs, aime le repos et la tranquillité, et n'abhorre le monde que parce qu'il ne peut plus y paraître avec éclat.

Les différentes personnes dont je viens de parler, sont-elles, je le demande, en état de former de grands établissemens, de couvrir leur métairie de bestiaux d'une espèce rare, etc. ? L'acquisition seule des livres agricoles suffit pour les effrayer. Il fallait donc réunir dans un volume portatif, l'art de faire valoir avec économie; et, en rapportant les découvertes utiles, taire celles dont le bénéfice est au moins incertain : voilà le premier objet que je me suis proposé.

Il fallait encore, en laissant entrevoir au cultivateur l'espérance d'être dédommagé de ses avances, le prémunir contre cette confiance téméraire qui fait tout entreprendre, parce que tout paraît beau dans les livres; et voilà le second objet de mon ouvrage. Désabuser le siècle de l'enchantement de quelques écrivains agricoles : à les entendre, la terre, soumise à celui qui la cultive, ne trompe jamais son espérance, et le paie toujours, avec usure, de ses dépenses et de ses travaux; la culture est, suivant eux, une source intarissable de richesses, et ils veulent raisonner en agriculture comme en mathématiques. Ce n'était pas ainsi que pensaient les anciens agronomes français : *L'un d'eux n'ose produire un art aussi obscur que l'agriculture, qui n'offre que les travaux les plus durs et la pauvreté; il assure qu'un code général d'agriculture serait peut-être une chimère* (1). En effet, l'agriculture est la science où les préceptes doivent être donnés avec plus de réserve, et il n'y en a qu'un très-petit nombre de généraux, d'où dérivent les autres.

Conclura-t-on de là qu'il ne faut jamais s'écarter des usages ordinaires, et qu'on croirait à tort tirer quelque avantage d'une bonne culture et d'engrais multipliés ? Non certes; et ce n'est pas là ce que je prétends. Je pense qu'il faut s'élever au-dessus de la coutume

---

(1) L'Auteur du *Préservatif contre l'Agromanie*, page 2.

du pays, mais aussi ne pas changer entièrement des usages déterminés, presque toujours, par le climat et la localité ; faire de
tems en tems quelques essais, mais toujours
en petit, et ne pas trop s'enhardir dans les
expériences nouvelles parce qu'elles auront
réussi une fois ; lire les nouvelles découvertes
sur l'agriculture, mais se méfier de ceux qui
ne parlent que de merveilles et de prodiges ;
travailler avec courage et adoucir ses peines
par l'espérance, mais néanmoins mettre toujours dans son calcul l'intempérie des saisons
et les bizarreries de la nature ; enfin, ne rien
épargner pour la culture, mais en même tems
regarder l'économie comme le seul moyen de
prospérer, parce qu'il est le seul à l'abri des
révolutions du tems : et tel est, en peu de
mots, tout mon systême dans cet ouvrage.

C'est aux nouveaux cultivateurs que je le
consacre, c'est-à-dire, à ceux qui, se retirant
à la campagne pour y vivre avec économie,
sont décidés à y mener une vie active et laborieuse ; car pour ceux qui veulent faire
valoir en petits-maîtres, et s'y donner toutes
les délices et les commodités de la vie, ou
veulent seulement pouvoir signer *cultivateur,*

ils n'ont pas besoin de lire mon livre; il n'est pas fait pour eux. Les mylords français, les nouveaux enrichis n'y trouveront pas non plus l'art de faire sans cesse de nouvelles expériences, et de faire valoir par des gens d'affaires. Je les renvoie aux livres anglais et à nos compilateurs modernes. Je n'écris pas non plus pour les gens de la campagne; les fermiers et laboureurs sucent, pour ainsi dire, avec le lait, l'art de la culture, qui consiste principalement dans le travail et l'économie. *Le simple cultivateur est en état de donner des leçons au physicien qui n'a jamais labouré* (1). On n'a qu'un défaut à leur reprocher, la routine, et cette réforme appartient aux sociétés d'agriculture.

Je n'ai donc uniquement en vue que ceux qui sont cultivateurs par choix, ou qui, l'étant devenus par nécessité, aiment leur profession et en pratiquent tous les devoirs. Je ne leur parlerai jamais que le langage de la vérité; je leur ferai part des découvertes dont j'ai senti l'utilité par ma propre expérience; je leur montrerai l'avantage de certaines pratiques,

---

(1) Auteur du *Préservatif contre l'Agromanie.*

sans cependant leur en cacher les inconvéniens; je leur indiquerai quelques méthodes
que l'expérience et la réflexion m'ont apprises;
enfin, je ne m'écarterai jamais de mon but
principal, qui est de prouver qu'on ne réussit
en agriculture que par *l'activité, la prudence
et l'économie. L'activité*, pour faire chaque
chose en son tems, et ne pas perdre des momens précieux qui ne se retrouvent presque
jamais; *cuncta in tempore* (1). *La prudence*,
pour ne pas trop entreprendre et se perdre par
trop de confiance et de légèreté; *vomer non
mutendus est* (2). *L'économie*, pour calculer
sans cesse la dépense avec les produits; *rien
de moins avantageux*, dit Pline, *que de trop
bien soigner son champ; faites ce qui est
nécessaire, et rien de plus.*

D'après cela, voici tout le plan de cet ouvrage, divisé en trois parties. La première est
une introduction nécessaire pour développer
tous les principes d'où dérivent les préceptes
et avis que je donnerai sur chaque partie de
la culture : cette introduction sera divisée en

______

(1) Olivier de Serres , épigraph.
(2) Caton.

deux chapitres; le premier traitera, en peu de mots, de l'origine et de l'excellence de l'agriculture, du caractère et des mœurs de celui qui veut faire valoir; le second renfermera quelques observations préliminaires, que je réduis toutes à trois points principaux, *l'activité, la prudence, l'économie.* La seconde partie contiendra la manière de monter convenablement une ferme. La troisième décrira les travaux agricoles mois par mois, afin de mener, pour ainsi dire, le lecteur pas à pas, de cultiver, semer et récolter avec lui. J'entremêlerai cet ouvrage de quelques vers choisis d'Olivier de Serres, de Virgile ou de son traducteur l'abbé Delille, afin qu'on puisse retenir plus aisément certaines maximes courtes et importantes. Je ferai aussi précéder chaque mois d'un petit précis de ses productions et de ses travaux, pour diminuer un peu la sécheresse des préceptes et des discussions.

Omne tulit punctum, qui miscuit utile dulci.

Horat.

PRINCIPES D'AGRICULTURE

ET D'ÉCONOMIE.

PREMIÈRE PARTIE.

INTRODUCTION.

CHAPITRE PREMIER.

Origine et excellence de l'Agriculture.

O fortunatos nimium , sua si bona norint,
Agricolas !　　　　　V I R G.

LES livres sacrés et profanes font commencer
l'Agriculture avec le monde : si Adam fut le
premier cultivateur, la fille de Saturne fut Cérès,
déesse des moissons, qui inventa l'usage du blé :
la fable fit aussi des divinités de Triptolême, qui
apprit aux Grecs à se servir de la charrue, et de
Stercutus, dieu du fumier, quoique ce fût Her-

cule qui ait porté cette découverte en Italie, après avoir détrôné Augias, roi d'Elide. Les deux plus anciennes villes de la Grèce, Athènes et Lacédémone, durent leur élévation à l'art de labourer, et leur chute suivit de près cet art trop négligé. Rome, fondée aussi par des laboureurs et des pâtres, cessa de vaincre quand le luxe et la mollesse lui firent confier la culture à des esclaves (1). Comment se fait-il, dit Pline, que nous tirions à présent du blé des Gaules, tandis qu'autrefois l'Italie suffisait à nos besoins avec une abondance extraordinaire ? *Alors les généraux mêmes étaient cultivateurs, la terre était charmée, pour ainsi dire, de se voir labourée avec une charrue couronnée de lauriers, et conduite par des mains triomphantes : ces guerriers préparaient un terrein avec la même exactitude qu'ils préparaient un camp ; ils le semaient avec le même soin qu'ils rangeaient une armée en bataille.*

C'est donc une erreur de croire que l'agriculture ne s'est perfectionnée que dans les siècles derniers ; il est hors de doute que les anciens l'avaient portée à son plus haut degré de perfection ; et cela n'est pas étonnant, lorsqu'on considère que cet art tenait alors le premier rang. Ecoutons encore

______

(1) *Histoire de l'Agriculture ancienne*, dont j'ai tiré quelques morceaux dans ce chapitre.

Pline. *La récompense des grands capitaines était un arpent de terre ; les tribus rustiques étaient les plus estimées, et le plus grand éloge qu'on pût faire d'un honnête homme, comme le dit Caton, était de l'appeler* bon laboureur. *Les meilleures maisons de Rome tiraient leur nom de l'agriculture :* les Cicéron, les Lentulus, les Fabius *portaient le nom des légumes dont leurs pères enseignèrent à cultiver les meilleures espèces.* Seranus *passa de la charrue au consulat, d'où lui vint le nom de* Seranus, *qui signifie* semeur. *On appelait* Viateurs, *du mot* via, *les messagers qui allaient chercher dans les champs ceux que le Sénat destinait à commander les armées.*

Ainsi Rome, aujourd'hui l'arbitre des humains,
Dut l'empire du monde à des rustiques mains.

Georg. l. II, trad. de Delille.

Si l'agriculture compte beaucoup de grands hommes parmi ceux dont elle a fait l'occupation, elle peut, à plus juste titre encore, s'enorgueillir de ses écrivains. Les rois Hiéron, Philometor, Attalus Achelaus en ont laissé des traités ; d'illustres capitaines ont aussi pris la plume, tels que Xénophon, Magon de Carthage, dont le Sénat romain fit traduire les vingt-huit volumes par Silanus ; sans parler du poète de Mantoue, le grand Caton, Columelle, Palladius ont transmis à la postérité le résultat d'une science consommée et d'une longue expérience. Marcus Varron, qui nous apprend que cinquante auteurs Grecs avaient écrit sur l'agriculture, ne publia qu'à quatre-vingt et un ans ses connaissances et ses recherches. Yo, empereur de la Chine, composa un traité d'agriculture; Venain, autre empereur, cultivait quelfois la terre, pour faire comprendre à ses ministres que ce travail n'avait rien de honteux (1). Homère nous apprend aussi que le vieux roi Exertes fumait son champ lui-même.

Que notre siècle s'éloigne de cette simplicité de mœurs! On aime l'agriculture, mais seulement dans les livres, et nullement dans la pratique; on se plaît à la campagne, mais on ne veut pas renoncer aux plaisirs des villes. Hélas,! si on les comparait à ceux du cultivateur paisible au milieu d'un domaine agréable et en bon rapport, on les abandonnerait bientôt. On ne trouvera pas, il est vrai, chez lui ces spectacles brillans et enchanteurs qui deviennent un besoin journalier lorsqu'on n'a rien à faire; mais on y trouvera le spectacle de la nature, toujours instructif pour celui qui sait penser, toujours varié pour celui qui l'étudie. Ce ne sont plus ces dîners magnifiques où l'on arrive avec grande pompe à l'heure où il

____

(1) Histoire de la Chine, par Martini.

faudrait souper; ces assemblées nombreuses de femmes qui se regardent et d'hommes qui s'écoutent : c'est la douceur du repos après le travail, la satisfaction de retrouver chez soi une compagne toujours aimable, toujours vertueuse, parce qu'elle ne s'occupe que de son ménage et de ses enfans. Ce ne sont plus ces promenades brillantes où le luxe étale ce qu'il a de plus éblouissant et de plus nouveau : c'est une satisfaction plus douce pour une ame sensible ; celle d'aller, un jour de repos, visiter en famille ses vergers, ses moissons, ses prés, ses guérets. Tous les jours on les voit avec intérêt, mais aujourd'hui on les regarde avec transport ; ils semblent aussi être en fête, tout charme, tout ravit. Ici l'enfant se mesure avec les blés, ou se perd dans les verdoyans sainfoins ; plus loin il se pare des fleurs que la nature lui offre ; là il reconnaît son agneau, qui accourt à sa voix, et ne quitte plus son petit bienfaiteur. La variété des campagnes varie aussi la conversation : la mère de famille, que ses occupations domestiques n'éloignent guère de la maison, fait mille questions à son mari, qui lui raconte avec satisfaction ses travaux, ses succès : regarde ces arbres que j'ai plantés, comme ils sont verts et robustes ! examine ces blés, compare-les avec les voisins !

Je le demande à nos élégantes qui abhorrent la

campagne et en éloignent leurs maris : ces promenades ne valent-elles pas bien celles qui leur coûtent une semaine entière de préparation, et dont elles ne reviennent, la plupart du tems, qu'avec le regret de ne pouvoir satisfaire leur luxe, ou le dépit d'avoir été effacées par des femmes plus jolies ou plus brillantes ?

Mais je m'oublie, les délices de la campagne ne sont que pour le sage (1), pour celui qui sait mettre du prix aux jouissances d'un père tendre et d'un bon mari, pour celui qui aime la vie active et occupée. Aussi je veux que mon cultivateur n'imite pas certains agriculteurs modernes qui se croient savans parce qu'ils ont acheté Rozier, bornent leur travail pratique à se promener quelquefois dans la plaine, et à y faire semer de tems en tems quelques graines étrangères. Du reste, ils s'occupent de toute autre chose que de la culture : le matin la chasse, le soir la toilette, la compagnie, tout au plus quelques pages d'agriculture. De bonne foi, peut-on se dire cultivateur à ce prix? Mon cultivateur se comportera tout autrement. Je ne veux pas pour cela qu'il soit farouche, ennemi de toute société : il ne passera pas de jour sans se délasser avec sa famille de ses pénibles

-----

(1) Vita rustica justiciæ magistra est. *Cic.* pro Rosc. nᵒˢ. 39 et 75.

occupations ; il ira même quelquefois visiter ses voisins , pour entretenir la concorde et la gaieté ; il recevra quelques amis qui partageront ses goûts et ses inclinations ; il trouvera encore beaucoup de momens pour les arts agréables et l'instruction de ses enfans ; mais il n'en trouvera aucun pour les délassemens les plus innocens : le tems paraît toujours trop court , quand il faut le partager entre les occupations extérieures et celles qui rappellent à la maison. Que le changement d'occupation soit donc le seul délassement que mon cultivateur se permette. Après avoir travaillé quelques heures sur l'agriculture ou quelqu'autre objet intéressant , il se récrée en allant visiter ses champs , donner les ordres nécessaires , et faire quelques observations utiles. Rentré chez lui , il se repose de ses courses , en se livrant au travail du cabinet.

Cette alternative de travail et d'exercice paraîtra toujours un délice au cultivateur sage ; j'en parle , il est vrai , par expérience ; mais il ne tardera pas à être de mon avis ; car , que l'on n'oublie point que je n'écris que pour celui qui a reçu une éducation soignée. Quelqu'instruit qu'il puisse être , quelque goût qu'il ait pour les sciences et les belles-lettres , les travaux agricoles ne l'empêcheront pas de suivre son inclination : outre la saison rigoureuse , il est des jours et des momens où il faut absolument rester à la maison, et l'amour de mon cultivateur pour l'étude lui fera trouver de l'agrément où les oisifs et les ignorans ne trouvent que de l'ennui. Les lettres sont de tous les tems et de tous les lieux : *Delectant domi , non impediunt foris , pernoctant nobiscum , peregrinantur , rusticantur* (1). Salluste nous apprend qu'à Rome les hommes les plus distingués par leurs talens mêlaient le travail du corps à celui de l'esprit : *ingenium nemo sine corpore exercebat* (2). Si Alexandre, au milieu de ses conquêtes , portait toujours avec lui Homère , notre cultivateur, au milieu de ses courses rurales, portera aussi quelque livre d'agrément ou d'instruction ; il trouvera toujours le tems d'y lire , même au milieu des travaux d'Août; les instans qu'il emploie à se reposer ou à se rafraîchir à l'ombre , il saura les saisir avec avidité pour orner son esprit, en même tems qu'il délassera son corps fatigué.

Une des obligations les plus indispensables du cultivateur , c'est d'avoir un genre de vie toujours uniforme , pour établir l'ordre dans sa maison. Il faut que la règle soit au-dessus de lui , et qu'il n'ait d'autre soin que de la faire exécuter : cette

______

(1) Cic. pro Archiâ , n°. 16.
(2) Sallust. Catilina , cap. 8.

exactitude à la règle fera son bonheur, et lui évitera le désagrément des réprimandes, chacun connaissant son devoir et l'obligation de le remplir exactement. Il joindra à cet amour pour la règle beaucoup de vigilance sur ses domestiques, et saura prendre le juste milieu entre l'avis de Columelle et celui d'Olivier de Serres. *Dominus*, dit le premier, *comiter agat cum colonis, facilemque se præbeat ;* le second veut de la fermeté :

> Oignez vilain, il vous poindra ;
> Poignez vilain, il vous oindra.

CHAPITRE II.

Observations préliminaires , réduites à trois points principaux , l'Activité, la Prudence et l'Economie.

SECTION PREMIERE.

Activité.

Labor omnia vincit
Improbus. (*Virg.*)

IL n'en est pas de l'agriculture comme des autres arts , dont l'apprentissage est toujours pénible , mais qui ensuite deviennent un jeu, un délassement, lorsqu'on les possède. Quelques connaissances qu'on ait en agriculture , quelqu'expérience qu'on ait acquise par une pratique longue et réfléchie , on n'est sûr de réussir que par un travail assidu et pénible. La raison ? la voici : le créateur a voulu que la terre ne produisît d'elle-même que des ronces et des épines, qu'elle fût arrosée des sueurs du cultivateur, et qu'elle ne cédât qu'à un travail opiniâtre. Cette vérité, malgré les ténèbres du paganisme , s'est néanmoins conservée parmi les anciens ; à entendre Virgile , on croirait qu'il avait lu la bible :

Pater ipse colendi
Haud facilem esse voluit, primusque per artem
Movit agros curis acuens mortalia corda.
Virg. Georg. liv. I.

Le plus ancien de nos agronomes a rendu ainsi cette pensée dans ses vers gothiques :

Le père n'a voulu que le labeur champêtre
Eût chemin si aisé, ains en l'homme a fait naître
Et l'art et le besoin de cultiver les champs,
Et juste a refusé le fruit aux nonchalans.

Qu'on ne s'imagine donc pas pouvoir cultiver de son cabinet. J'ai déjà comparé l'agriculture à l'art militaire, en disant que tous deux avaient besoin de pratique. Je les compare encore l'un à l'autre, en disant avec Columelle qu'ils ont tous deux besoin de la présence de celui qui commande : *Nisi dominus frequens operibus intervenerit, ut in exercitu, cum abest imperator, cuncta cessant officia* (1) ; d'où il est facile de conclure que, comme une armée est fort mal commandée lorsque ses opérations sont dirigées par le cabinet du ministre ; de même les travaux agricoles réussissent fort mal lorsque le propriétaire veut ordonner sans voir, et se confie aux yeux d'autrui. Par conséquent il faut d'abord que celui qui veut vraiment faire valoir, c'est-à-dire tirer du profit

______

(1) Columelle, chap. I.

de son bien , y demeure au moins les trois quarts
de l'année. Magon voulait même qu'on vendît sa
maison de ville ; mais j'aime mieux Pline , qui
trouvait ce précepte contraire au bien public.
Allez donc deux ou trois mois au plus à la ville ,
pendant les neiges et les frimas ; mais le reste du
tems soyez sédentaire à votre ferme ; occupez-
vous entièrement de votre faire-valoir , et ne le
quittez que pour des affaires indispensables.

Il faut ensuite prendre un genre de vie tout
différent de celui des villes, où l'on se lève tard,
parce qu'on se couche aussi fort tard, et quelquefois même à l'heure où le laboureur se lève.
Je n'exige pas pour cela qu'on suive à la rigueur
cet avis de Caton : *Primus cubitu surgat, postre-
mus cubitum eat ;* il est presque impossible,
lorsqu'on n'a pas été élevé à la campagne, c'est-
à-dire , à mesurer son repos sur le soleil, qu'on
puisse prendre une habitude si diamétralement
opposée à celle des villes. Mais au moins est-il
nécessaire de s'en rapprocher le plus possible, et
de ne pas oublier cette maxime d'Olivier :

> Le lever matin enrichit ,
> Le lever tard appauvrit.

Et cette autre :

> Le maître dès son réveil
> Au ménage est un soleil.

Si on ne peut se lever tous les jours de bonne heure, au moins on le fera de tems en tems, et on prendra le moyen de le faire le plus souvent possible, qui est de se livrer au repos peu de tems après les valets; de cette manière on surveillera ses gens, et on sera sur pied dans le moment où ils vous croient encore dans les bras du sommeil : on se gardera sur-tout de les prévenir de son lever; car la surveillance consiste moins à veiller toujours qu'à veiller à propos. Pour faire quelquefois ces surprises si nécessaires, et mettre tout dans l'ordre, on pratiquera exactement ce conseil du Théâtre d'Agriculture : *Ordonnera le ménager, tous les soirs, ce qu'il appartiendra pour les affaires du lendemain.* J'ajoute qu'il faudra encore prévoir la contrariété que le tems peut occasionner, et indiquer ce qu'on fera en cas de pluie ou de gelée. Vos domestiques, ainsi accoutumés à savoir, la veille au soir, ce qu'ils doivent faire le lendemain, ne sauront jamais le jour où vous examinerez si on exécute fidèlement et avec promptitude les ordres donnés.

Cependant cette tolérance, accordée au cultivateur, lui est refusée pendant la moisson, où l'œil du maître doit être presque toujours ouvert, comme nous le ferons voir en son tems. Toute l'année les laboureurs ont cette surveillance; aussi je renvoie à leur exemple, afin qu'on s'y conforme le plus possible. Regardez ce père de famille précéder l'aurore, courir aux écuries, réveiller les valets, examiner si le fourrage est mangé et s'il a été jeté deux heures avant le jour; présider au pansement des chevaux, article si essentiel, mais ordinairement si négligé, parce que les conducteurs se lèvent trop tard. Le soleil paraît, il fait partir ses charretiers, les conduit aux champs, leur distribue le travail, détermine les justes proportions du labour, indique les endroits où il faut enfoncer le soc, et ceux où il faut le relever. Le tems est humide, recouvrez moins le grain; le tems est sec, enterrez-le davantage. Là, vous herserez aussi-tôt le labour; ici, au contraire, vous donnerez à l'herbe le tems d'être consommée par le soleil. Je passe sous silence une multitude d'observations dont on verra le détail dans mon ouvrage, et dont on ne fait aucune mention dans les livres, comme si ces détails étaient à mépriser; tandis qu'au contraire ils constituent la véritable agriculture, qui consiste plus dans l'application de préceptes simples, que dans une savante théorie.

Mais l'activité du cultivateur ne se borne pas à veiller sur ses valets; ce n'est encore là qu'une petite partie de sa surveillance. Il a encore beaucoup d'autres ouvriers qu'il faut indispensablement visiter : tantôt c'est un homme qui cultive les arbres fruitiers; tantôt un bûcheron qui prépare le bois de chauffage ou de construction; tantôt un faucheur à qui il faut recommander de raser la terre pour donner plus de fourrage; tantôt des faneurs qu'il ne faut pas quitter, parce qu'ils connaissent mal les qualités nécessaires aux diverses opérations qu'on leur confie, etc. L'intérieur de la maison fournit aussi, chaque jour et à tous momens, des sujets de surveillance. Ce sont des batteurs dont il faut examiner scrupuleusement l'ouvrage; si l'on n'y prend garde, ils vous forcent de donner aux animaux un grain précieux qui n'est destiné qu'à l'homme. Ce sont les bestiaux de toute espèce qu'il faut visiter, pour voir s'ils sont tenus proprement et s'ils ne manquent de rien : *L'œil du maître engraisse le cheval* (1). C'est le jardin dont il faut soigner et diriger la culture, afin qu'outre les gros légumes dont la table des valets doit toujours être amplement garnie, celle des maîtres puisse s'y fournir de toutes les plantes potagères qui sont bien chères dans les villes, mais ne coûtent rien dans une ferme, lorsqu'on les cultive à tems et avec soin.

Il est encore, pour le cultivateur, un autre genre d'activité non moins nécessaire, mais beaucoup plus agréable; il consiste à se promener

---

(1) Olivier de Serres.

souvent dans ses domaines , afin de s'instruire et *de s'enrichir* tout à la fois par d'utiles observations : s'instruire , en examinant le résultat de ses expériences, en réfléchissant sur les variétés si multipliées de la nature, en reconnaissant les fautes qu'on a faites, et cherchant les moyens de les réparer; s'enrichir, en remédiant aux différentes maladies des grains; par exemple, ce blé ne peut lever parce qu'il est trop serré dans la terre, qu'il faut ouvrir légèrement avec la herse ; cet autre ne peut encore lever, parce que les vers mangent la semence d'une terre trop creuse; il faut l'appesantir avec le rouleau , détruire les vers avec la suie, et ensuite y jeter un peu de semence. Celui-ci est touffu, et couvre entièrement la terre; mais aussi il est trop fort et appelle absolument le troupeau pour manger *le vain luxe des herbes*. Que vois-je ? des taupes qui ravagent les tréflières et se jettent même dans les blés , parce que les terres sont bien meubles et regorgent de fumier. Hâtons-nous de détruire ces animaux malfaisans, etc. Je crois avoir assez prouvé au cultivateur combien l'activité lui est nécessaire s'il veut réussir. Je ne cesserai, dans le cours de mon ouvrage , de lui montrer à chaque instant la nécessité de cette activité, et de lui indiquer les divers objets qui exigent sa présence. Mais il fallait lui donner un léger échantillon de ses occupations, pour le bien

convaincre qu'il ne doit pas entreprendre de faire
valoir, s'il ne veut pas se livrer tout entier à sa
chose, s'assujettir à des fatigues indispensables à
son état, et ne cueillir les roses qu'après en avoir
arraché les épines.

SECTION SECONDE.

Prudence.

Ne change point de soc,
A yant pour suspecte toute nouveauté.
Olivier de Serres, d'après Caton.

Les réflexions que je ferai sur cet article important, je les renferme toutes dans les vers sui-
vans, où M. Delille a développé si élégamment
la pensée du poète latin :

Toutefois dans le sein d'une terre inconnue
Ne vas point vainement enfoncer la charrue ;
Observe le climat,
Des anciens laboureurs l'usage héréditaire
Et les biens que prodigue ou refuse une terre.

Georg. l. I.

Ce sont là des vérités de tous les tems, utiles
sur-tout aux cultivateurs qui commencent.

Souvent ils veulent appliquer à leurs terres les
principes qu'ils ont lu dans de savans agronomes,
sans examiner si ces principes conviennent à la

qualité du sol et au climat du pays ; erreur trop dangereuse pour ne pas les en garantir.

Qu'ils commencent donc, avant de rien entreprendre, par bien connaître les diverses qualités du terrein qu'ils ont à cultiver.

Connaissance du terrein.

Il y a quatre principales sortes de terres : la terre végétale, la terre argileuse, la terre sablonneuse et la terre calcaire. Nous ne pouvons mieux en marquer la différence que par la définition qu'en donne le savant Valérius (1). *La terre végétale est une terre poreuse et divisée qui se trouve en plus ou moins grande quantité à la surface du globe. Elle est ordinairement brune et noirâtre ; elle est spongieuse, et se gonfle quand on y verse de l'eau ; mais quand elle est sèche, elle s'affaisse et se met en poussière ; elle procure un passage facile à l'eau pour se filtrer ou s'évaporer.*

La glaise ou l'argile est en général une terre tenace, grasse au toucher, qui, étant humide, s'attache aux doigts. Elle est compacte, quoique composée de particules très-déliées. Celle qui se trouve à la surface de la terre, est très-mélangée de terreau, de sable et d'autres substances qui lui

---

(1) Principes raisonnés de Chimie économique de Valérius, traduits par Fontalard, chap. 7 et 8.

sont étrangères, ce qui met de la différence dans sa ténacité et sa densité.

Les terreins sablonneux ou crayeux se reconnaissent trop aisément pour en donner la définition. Ils ont cela de commun avec les deux premières espèces de terres qu'ils ne peuvent produire de végétaux, s'ils ne se trouvent mêlés avec d'autres terres. L'humus ou terre végétale, pour produire, doit se trouver combiné dans une juste proportion avec le sable et l'argile.

Valérius divise encore les terres en terres fortes et en terres légères. On appelle *terre forte* celle qui, par sa profondeur, conserve plus long-tems sa graisse, et résiste plus long-tems à la chaleur et aux variations de l'air ; *terre légère*, celle qui a moins de profondeur, et qui, par sa porosité, perd aisément sa graisse et son humidité, et ne résiste pas aux variations de l'air.

La couleur de la terre indique sa bonne ou mauvaise qualité : la meilleure est la noire, puis la cendrée ; la rousse, la blanche, la jaune, la rouge ne valent presque rien (1).

Virgile, Columelle, Palladius et autres anciens indiquent deux moyens de connaître la bonté d'une terre : le premier, en y faisant un fossé ; si la terre qu'on en a retirée ne peut y rentrer, quel-

____

(1) Olivier de Serres.

2 *

ques efforts qu'on fasse , c'est la marque qu'elle est bonne , parce qu'elle s'enfle à l'air comme la pâte par le levain ; si elle remplit seulement le fossé et rien de plus , elle est d'une qualité médiocre ; mais si elle ne suffit pas pour remplir le fossé , cela dénote la mauvaise qualité d'une terre légère qui s'évente aisément. Le second moyen , c'est de dissoudre la terre dans l'eau qu'on passera à travers un linge. L'eau sera douce, si la terre est bonne ; si au contraire la terre est de mauvaise qualité , l'eau sera salée ou puante. Un autre moyen employé pour juger de la qualité de la terre , c'est d'examiner ses productions : une terre est bonne , suivant Columelle , quand elle produit *calamus , gramen , trifolium , ebulum , rubi , pruni silvestræ.*

Ceux qui voudront des connaissances plus amples sur la variété des terres , pourront recourir à Duhamel ou aux chimistes qui ont écrit sur cette matière ; ce que j'en ai dit est suffisant pour mettre le cultivateur en état d'apprécier et d'étudier son sol. Cette connaissance n'est pas l'affaire d'un jour ni de quelques mois ; c'est l'occupation de plusieurs années, c'est le fruit d'observations multipliées. S'en étonnera-t-on lorsqu'on réfléchira que, dans la même pièce de terre, une partie veut un labour léger, l'autre un labour plus profond ; ici il faut labourer avant l'hiver, là après lès grandes gelées : cet endroit exige beaucoup de semence, l'autre en demande infiniment moins : ici se plaît le seigle, là le froment. S'il y a tant de variations dans une pièce de quelques arpens seulement, quelle différence ne doit-on pas mettre pour la culture entre les terres en côte et celles qui sont en plaine ; les terres caillouteuses, et celles où il ne se trouve pas le plus petit caillou ; celles qui sont glaiseuses et d'une culture difficile, et celles qu'on labourerait, comme celles de Byzance, avec une charrue légère attelée d'un mauvais ânon et d'une vieille femme (1) ?

Que dirai-je des variations singulières du climat, même dans les pays limitrophes l'un de l'autre ? Rozier (article *Agriculture*) rapporte là-dessus un fait surprenant. « Dans le territoire » d'Aigle, canton de Berne, la température de » l'air est si douce, que dans les trois villages » d'Ivorne on cultive des vignes dont le vin est » très-bon ; tandis que dans le bailliage de Ges- » senay, qui est limitrophe, la température est, » à peu de chose près, égale à celle de la Suède ». J'éprouve la même chose dans le pays que j'habite : à quelques lieues vers le midi, la température est si différente, qu'on y récolte un mois plutôt ; tandis qu'en s'avançant seulement de deux

______

(1) Histoire de l'Agriculture ancienne.

lieues du côté du nord , la moisson est retardée de plus de quinze jours. Comment après cela vouloir se conduire par des principes généraux ? Pour faire en France un *Cours d'Agriculture complet* , il faudrait presqu'autant de chapitres qu'il y a de cantons. La grande science du cultivateur est donc la connaissance parfaite de son terrein ; tous les livres possibles ne sauraient donner cette connaissance , l'expérience seule peut la procurer. Ainsi le premier soin de celui qui veut faire valoir, est de choisir pour premier charretier celui qui connaît mieux le terrein qu'il veut exploiter. S'il a soin de l'interroger souvent , il apprendra par ses réponses à en connaître toutes les parties , les endroits où il a plus ou moins de profondeur , ceux où il est sujet à se battre ou à garder l'eau , enfin les diverses qualités de terre qu'il contient : ces détails ne peuvent bien s'apprendre que de celui à qui , pour ainsi dire , tout le sol passe par les mains , et qui le cultive plusieurs fois l'année. Aussi , dans le commencement , faut-il s'y abandonner entièrement , se défier de ses lumières , et attendre , pour diriger les opérations agricoles , qu'on sache celles qui conviennent à la terre que l'on fait valoir.

On pourrait croire que les gens de la campagne possèdent cette connaissance , mais non ; elle est aussi rare qu'indispensable : les fermiers quittent souvent leurs fermes lorsqu'ils commencent à bien la connaître. Les propriétaires riches confient la culture des terres à un agent à qui l'intérêt fait souvent changer de domestiques. Ceux qui labourent eux-mêmes, sont plus dans le cas d'acquérir cette connaissance, mais la pauvreté y met obstacle : ils écorchent plutôt la terre qu'ils ne la cultivent, et sont hors d'état d'apprécier sa qualité, parce qu'ils ne peuvent lui donner les soins et les amendemens nécessaires. Restent donc les gens un peu à leur aise qui cultivent par eux-mêmes : ceux de cette classe qui ont un peu d'éducation et de bon sens, aiment à observer et acquièrent par conséquent cette connaissance ; mais ils sont encore très-rares, la plupart étant asservis à la routine, et ne cherchant pas à devenir plus savans.

Respecter les usages du pays.

Je n'approuve nullement l'ignorance ni la routine des gens de la campagne qui sont esclaves de l'usage et ne veulent pas pratiquer ce qu'ils n'ont pas vu faire à leurs pères ; je pense, au contraire, qu'il faut quelquefois s'élever au-dessus du préjugé, mais le faire peu à peu, après y avoir bien réfléchi, et commencer toujours par croire que les usages reçus sont appuyés sur des raisons solides et puissamment déterminées par la

localité. Il faut examiner avant de condamner ;
et tant que, par une pratique raisonnée et sui-
vie, on ne s'est pas convaincu qu'il faut absolument changer une méthode mauvaise, quoique
consacrée depuis long-tems, il faut suivre à la
lettre ce précepte de Columelle : *Pater familias
maximè curabit ut pudentissimos suæ ætatis agricolas de quaque re consulat, et commentarios
antiquorum cedulo scrutetur.*

Expériences.

Un excellent moyen pour connaître son sol,
apprécier les anciens usages et juger des nouveaux
systêmes, c'est de faire quelques expériences,
mais toujours en petit et au plus sur un arpent ;
l'essentiel est de réitérer ces expériences dans plusieurs endroits et dans plusieurs tems : car on ne
saurait encore rien, si on n'essayait que sur une
seule pièce de terre, et c'est ce qui me porte à me
défier des expériences que je n'ai pas faites moi-
même. On ne se figure pas l'énorme différence
qui existe souvent entre la même espèce de grain
jettée le même jour dans deux terres voisines l'une
de l'autre. Cette différence vient quelquefois d'une
circonstance qui paraît légère, mais qui n'échappe
pas au cultivateur attentif ; or, ces variations,
ces circonstances sont infinies, comme il sera aisé

de s'en convaincre quand on pratiquera, comme je l'ai fait.

Quelques essais pourront donc être fort utiles, lorsqu'ils seront faits avec sagesse, et qu'on aura soin de tenir un registre exact de ses petites expériences. Mais, encore une fois, qu'on se garde bien de les faire trop en grand et avec indiscrétion ; qu'on ne s'enthousiasme pas aisément des nouvelles découvertes dont plusieurs expériences paraissent garantir le succès. Peu conviennent à tous les pays, beaucoup sont souvent l'effet du hasard et ne peuvent se réitérer : j'ai vu récolter plus dans une terre peu cultivée, que dans celle qui l'était beaucoup ; j'ai vu des terres non hersées rapporter davantage que celles qui l'étaient ; j'ai vu renfouir le blé en enfonçant jusqu'à la cheville, et la récolte étonner le propriétaire. S'ensuit-il de là qu'on doive peu cultiver les terres, ne pas les herser, renfouir le blé par la pluie ? Non certes. Il faut suivre, la plupart du tems, les routes déjà tracées par les bons cultivateurs, et ne pas chercher toujours à innover ; ce serait même se ruiner de fond en comble, que d'essayer tout ce que disent les savans ; ils racontent par fois des choses si incroyables, que je regarde presque comme une folie d'y ajouter foi. Un Journal d'Agriculture rapporte qu'en Italie les Gaulois ayant renfoui, avec la charrue, les blés en vert, ils n'en devinrent que plus beaux, et c'est ce que les Romains appelaient *exarare*. Olivier de Serres rapporte le même fait, ou en attribue un aussi merveilleux aux Piémontais. Néanmoins, j'avoue que cela m'a paru si incroyable, que je n'ai pas même osé l'essayer sur trois perches de terre.

Il en est de ceux qui ont la manie des expériences, comme de ceux qui s'entêtent à mettre à la loterie : les pertes, loin d'abattre leur courage, les engagent à de nouveaux sacrifices. Un petit bénéfice leur est encore plus pernicieux; car, en enflammant leur cupidité, il ne fait qu'augmenter leur hardiesse et leur témérité. Le cultivateur sage, loin de les imiter, renoncera aux expériences dont il aura senti le danger après les avoir réitérées plusieurs années de suite, et concluera, du peu de succès, non qu'il a mal essayé, mais que le sol et le climat repoussent cette nouvelle méthode. S'il réussit, il **ne sera** pas pour cela téméraire; mais il se contentera de faire les mêmes expériences plus en grand, et il ne les généralisera qu'après que le tems aura jugé de leur utilité. Les expériences faites ainsi avec discrétion, seront toujours utiles, et on ne saurait trop en faire, pourvu qu'on y consacre un argent dont on peut aisément se passer, et qu'on les proportionne toujours à ses moyens.

Opinion sur les jachères.

Presque tous les livres modernes, en parlant des jachères, les regardent comme une *détestable méthode, fruit de l'ignorance et des préjugés.* Voilà, mot à mot, leurs expressions ; mais les ont-ils bien pesées avant de les émettre ? Ont-ils assez réfléchi avant de s'ériger en censeurs d'un usage consacré par ces sages Romains qui ne quittaient la charrue que pour commander les armées et triompher de l'univers ? En savent-ils plus que les savans agronomes de la Grèce et de Rome ? Ils nous citent l'Angleterre ; mais d'abord, cet usage, bien loin d'y être universel, y est très-restreint, au rapport de Jean Pictet ; et malgré la multiplicité des sociétés agricoles, il existe encore aujourd'hui, nous dit-il, des assolemens aussi barbares qu'ils étaient tous il y a dix siècles (1). Ensuite, les Anglais remplissent leurs jachères d'une infinité de plantes propres à nourrir les bestiaux ; ce qu'on ne pourrait faire en France, la consommation en bestiaux étant, par proportion, infiniment plus petite qu'en Angleterre, dont les habitans sont carnivores par nécessité. Dufresne, dans son traité,

____

(1) Arthur Young, dans son Voyage en France, dit qu'il y a en Angleterre des cultivateurs-pratiques qui pensent que les jachères sont nécessaires.

regarde comme un abus en France la grande consommation de pain qu'on y fait (1). Mais, 1°., ce qu'il regarde comme un abus, n'en est pas un, puisque le pain est une nourriture plus salubre qu'une grande quantité de viande; 2°. cet abus prétendu fait notre gloire : si on mange en France plus de pain qu'en tout autre pays, c'est parce que le sol y est plus fertile. Quelle bizarrerie d'admirer les Anglais dans ce qui montre leur pauvreté ! La plupart du tems ils ne sèment des turneps, des pommes de terre et autres plantes, que parce que le blé y réussit mal.

Un inconvénient de la suppression des jachères, c'est qu'en faisant rapporter à la terre successivement plusieurs espèces de grains, quelquefois même sur un seul labour, il est impossible qu'elle ne soit pas infectée du dernier grain qu'on y a récolté, et qui pousse de lui-même avec abondance, s'il n'est étouffé par le nouveau, comme je l'ai vu arriver plusieurs fois dans un petit coin de terre que je n'ai jamais laissé reposer pendant quelques années. Car, comment détruire l'herbe dans une terre toujours chargée de grains? Les Anglais font sarcler leurs pommes de terre par des femmes, au moins quatre ou cinq fois par

______

(1) Comparaison de la culture française avec celle des Anglais.

an (1). Quels frais! quelle dépense! Jamais, en France, la vente des pommes de terre ne pourrait dédommager de ces avances. Ils ont une machine ingénieusement inventée, le *horse-hoe,* mais seulement bonne pour des terres semées par sillons distancés également. Le goût de la nation pour l'agriculture a inventé encore une multitude d'instrumens aratoires très-commodes, et qu'il serait trop long de décrire ici. Mais tant de dépenses n'appartiennent qu'aux riches mylords des îles Britanniques.

La suppression des jachères n'est recommandée par ses partisans, que pour augmenter les produits et diminuer les frais de culture. Leur méthode consiste à ne faire reposer le sol qu'en changeant ses productions, et en lui confiant des plantes qu'on appelle *pivotantes*, et qui, allant chercher leur nourriture fort avant dans la terre, la renouvellent sans l'épuiser. Il y a donc trois choses à considérer sur la suppression des jachères : 1°., si le produit est augmenté; 2°., si les frais de culture sont diminués; 3°., si la terre n'est pas épuisée. L'examen de ces trois questions déterminera notre opinion.

____

(1) Arthur Young parle d'un cultivateur anglais qui avait fait jusqu'à treize binages.

1°. *La suppression des jachères augmente-t-elle le produit ?*

Oui; dans plusieurs contrées d'Angleterre où la terre, ne pouvant rapporter beaucoup de blé, se plaît à produire ces légumes et ces graminées cultivées avec tant d'avantage pour la nourriture des hommes et des bestiaux. Elle pourrait de même augmenter le produit dans les contrées de la France où un sable brûlant, en procurant une prompte végétation, ne permet pas au blé de s'étendre et de se fortifier, parce qu'il n'y trouve ni assez d'humidité, ni assez de terre végétale. Mais la suppression des jachères n'augmenterait pas le produit dans les terres froides et tardives, qui, produisent beaucoup de blé, parce qu'il y trouve les sucs convenables , n'ont pas assez de chaleur pour rapporter plusieurs années de suite. Or , nos provinces septentrionales renferment, en général, des terres de cette nature; je dis *en général*, car la bizarrerie de la nature veut qu'à côté du pays le plus froid, il existe des climats à qui l'abri procure une végétation prompte et hâtive, comme aux environs de Liancourt, où ils se trouve d'excellentes terres qui portent avec succès des haricots , tandis que deux lieues plus loin la terre n'y serait nullement propre, parce qu'elle manque de chaleur et de fonds. Les jachères sont donc nécessaires dans la plus grande partie septentrionale, dont le sol demande absolument du blé, et produit même cette plante avec plus d'abondance que toute autre céréale. Qu'on essaie, si l'on veut, de les supprimer dans les terres d'un produit médiocre, mais qu'on n'essaie jamais dans une bonne terre; plus elle sera excellente, plus elle exigera un repos dont elle dédommagera amplement, si elle est bien cultivée et engraissée à propos : en effet, qu'on compare le produit d'un arpent de terre où l'on récolte, année commune, dix setiers de blé, avec les deux récoltes du nouveau système, en abandonnant, dans l'une et l'autre méthode, une année pour les frais de culture; et certainement il existe beaucoup de fermes, dans les contrées septentrionales, qui peuvent se permettre ce produit. Pourquoi donc le cultivateur y changerait-il une culture si favorable, si sûre, si aisée et si peu coûteuse? Pourquoi reprocher à la terre le repos d'un an, tandis que

> Son sein reconnaissant vous paie avec usure?
> *Georg. de Del.* liv. I.

2°. *La suppression des jachères diminue-t-elle les frais de culture?*

Elle peut les diminuer dans ces terreins difficiles

à labourer, quoique de peu de rapport, où il faut mettre sur une charrue quatre chevaux, et quelquefois même six ; elle les diminue peut-être un peu pour ceux qui , labourant en sillons éloignés de neuf à dix pouces, peuvent par conséquent biner leur terre ; elle les diminue encore dans les endroits où l'on se procure facilement, et à bon marché, des engrais qui réchauffent et fortifient la terre. Mais elle ne les diminuerait pas dans ces terres qui, quoique d'un labour facile, rendent au cultivateur vingt pour un, et le défraient de toutes ses avances de culture par le seul produit des mars ; elle ne les diminuerait pas, lorsque, pour détruire l'herbe, on est obligé d'employer des bras qu'il faut payer bien cher, et dont le salaire n'est jamais remboursé ; elle ne les diminuerait pas pour ceux qui ne peuvent se procurer des engrais abondans, parce que leur fortune ou leur localité ne le leur permet pas.

3°. *La suppression des jachères épuise-t-elle le sol ?*

Les terres fortes ou celles qui sont légères, mais situées dans un climat chaud, peuvent, je crois, supporter cette suppression, sans autre inconvénient que de n'avoir jamais que des récoltes médiocres. Il n'en est pas de même des terres qui, ayant peu d'humus et de profondeur, ont besoin d'être renouvelées par les labours, et de recevoir, pendant une année, les sels et autres principes végétatifs contenus dans l'atmosphère : quelque engrais qu'on y mette, elles se refusent absolument à la culture d'autres plantes que le blé ou autres céréales. Et c'est ce que j'ai essayé à l'égard des pommes de terre et des navets. La même terre qui me rapportait dix setiers de blé, m'a remboursé à peine mes frais et mes semences, et je dirai toujours avec Horace : *Naturam non expellas furca.*

Il est facile de conclure de l'examen de ces trois questions, qu'en général le nouveau système peut être bon dans les parties méridionales de la France, où la végétation est assez prompte pour faire deux ou trois récoltes dans une même année, et cultiver la terre en saison convenable ; mais qu'elle ne peut guère être admise dans la partie septentrionale, où le terrein est presque toujours trop froid pour supporter les graines que l'on indique pour les jachères ; telles que les turneps, les navets hâtifs, les colsas, les fèves, les choux à faucher, et où la récolte se fait trop tard pour qu'on puisse bien préparer la terre à une nouvelle semence (1). Chaque cultivateur peut

____

(1) La Flandre, il est vrai, prouve le contraire ; mais, comme je l'ai dit, il n'y a pas de règle sans

appliquer cette règle au sol qu'il cultive, en faisant quelques expériences sur les terreins qui y sont les plus propres, comme ceux qui sont sablonneux et hâtifs, et ceux qui ont beaucoup de fond; observant qu'il ne faut jamais mettre le même grain deux fois de suite, ce qui est reconnu par tous et que j'ai éprouvé souvent.

J'ai aussi essayé moi-même, à plusieurs reprises, de mettre dans les jachères quelques plantes pivotantes. Dans les premiers tems que je fis valoir, je lus une dissertation savante sur les navets hâtifs, le chou à faucher, le chou pyramidal. Ces graines, disait l'auteur, ne fatiguent nullement la terre, et produisent d'excellent fourrage. Plein de ses idées flatteuses, j'achetai toutes ces graines fort cher, et je les semai de la manière indiquée. Aucune ne réussit, et de nouvelles tentatives furent toujours inutiles. J'eus un peu plus de succès à semer, dans les jachères, des bisailles, autrement appellées *pois gris,* en fumant la terre avant ou après. La récolte de pois fut belle; mais celle de blé qui vint après, fut

exception; d'ailleurs, la terre y est d'une qualité et d'une profondeur bien supérieures à celles de nos autres provinces. On ne m'objectera pas non plus, j'espère, les environs de Paris, qui, situés dans un climat chaud et abrité, profitent de tous les engrais de la capitale.

plus médiocre qu'elle ne l'aurait dû être Je recommençai souvent cette expérience; et en balançant le produit des deux récoltes, quelquefois j'ai trouvé du bénéfice, quelquefois aussi de la perte, mais jamais un avantage permanent, ayant éprouvé qu'une terre qui rapporte ainsi cinq années de suite, se trouve singulièrement épuisée, à moins qu'on ne la renouvelle par les prairies artificielles, comme je l'ai fait avec succès. Et voilà, je pense, le seul moyen et le plus sûr de diminuer les jachères dans la plus grande partie de notre sol.

Il en résulte deux avantages essentiels; le premier, de fournir un fourrage utile aux bestiaux, et par conséquent de procurer au cultivateur la facilité d'en avoir davantage, et par suite d'augmenter ses engrais; le second, d'engraisser et de rétablir la terre, au lieu de l'épuiser, et de la mettre en état de rapporter plusieurs récoltes de suite. Semez donc au moins la dixième partie de vos terres en luzerne et en sainfoin : loin de diminuer votre récolte de blé, vous l'augmenterez, parce que vous aurez plus d'engrais, et que vos terres rapporteront davantage, lorsqu'elles auront été en prairies cinq ou six ans; la luzerne, sur-tout, qui jette ses racines fort avant, améliore beaucoup les terres, parce qu'elle n'enlève pas le suc de la première couche, et qu'au contraire elle la couvre d'un terreau bienfaisant. Semez aussi des trèfles, qui occupent utilement les ja-chères, remplacent les engrais et bonifient la terre : ils ne durent que deux ans, mais aussi tous les six ans vous pouvez les semer dans le même tèrrein, et vous mettrez par conséquent en valeur la sixième partie de vos jachères, sans compter la diminution considérable qu'elles éprouveront par les luzernes et leur défrichement.

On ne me taxera pas, j'espère, de partialité dans mon opinion sur les jachères. Je pense qu'il est utile de faire quelques essais, mais en même tems qu'il ne faut pas adapter à toutes les parties de la France le même systême de culture. *Le rai-sonnement et la théorie ne concluent rien en agri-culture, l'expérience seule dicte des lois* (1).

Anglomanie.

Depuis près d'un siècle, la France se plaît à singer l'Angleterre. Cette manie singulière, au lieu de se corriger, n'a fait que changer d'objet. Les Français, amateurs à l'excès, tantôt des modes des Anglais, tantôt de leurs équipages, tantôt de leurs jardins, ont poussé l'extravagance jusqu'à vouloir prendre leurs lois et leur constitution. Une des sources de nos malheurs passés a été que

---

(1) Rozier, article *Agriculture.*

nos législateurs , laissant tout ce qu'il pouvait y avoir de bon .dans le système politique des Isles Britanniques , ne nous ont donné que ce qu'il y avait de mauvais , ou de diamétralement opposé à la situation de la France et au caractère de ses habitans. Mais je renvoie aux Tacite Français ceux qui voudront connaître cette assemblée *si anarchique , si puissante , si esclave* (1). L'expérience nous a montré que la législation anglaise ne nous convenait nullement ; examinons si la culture de quelques cantons anglais mérite notre enthousiasme.

Ce qui a augmenté beaucoup notre admiration, ce sont sur-tout les voyages du célèbre et savant Arthur Young. Mais, si on y fait attention, on ne peut en conclure raisonnablement la supériorité de la culture anglaise sur celle de France ; et d'abord Arthur Young convient lui-même que les terres de France sont plus louées que celles d'Angleterre ; il nous montre que, dans plusieurs endroits, notre climat n'est pas, à beaucoup près, si favorable à la culture. En France, nous dit-il, il survient des grêles qui n'arrivent pas en Angleterre ; les gelées d'automne y sont plus précoces et le froid plus rigoureux que dans le midi de l'Angleterre : l'humidité et les pluies y sont aussi

____

(1) Précis de la révolution , par Lacretelle le jeune , article *Convention nat.*

plus considérables, et il se plaint d'avoir eu à Liancourt, pendant trois semaines, une pluie abondante que l'Angleterre n'éprouva jamais. Ainsi, de son aveu même, notre climat est bien différent de celui d'Angleterre ; pourquoi donc y introduire les mêmes coutumes? Il prétend, il est vrai, prouver, par ses calculs, que l'assolement anglais produit, dans certain nombre d'années, vingt-quatre livres de plus par acre, à cause des récoltes de navets et d'autres graines : cette différence vient de ce que le voyageur anglais n'a pas assez évalué le produit des terres du Vexin, du Santerre, du Soissonnais, de la Brie, de la Beauce; par exemple, il n'évalue, en Picardie, le produit d'un arpent de blé qu'à quatre setiers et demi ; il est cependant plus fort ; il y a des terres qui rapportent jusqu'à dix setiers à l'arpent ; et par conséquent, en combinant les bonnes d'avec les mauvaises, on aura au moins six setiers à l'arpent. Il assure encore qu'en Picardie la récolte est nulle en mars, c'est une erreur palpable; car, d'un côté, les terres médiocres qui rapportent moins de blé, dédommagent beaucoup en mars, et fournissent la capitale et les grandes villes d'avoine et d'orge; de l'autre, les bonnes terres, moins propres aux mars, rapportent encore beaucoup de pois et de vesce, dont on vend le grain aussi cher que le blé, pour la Normandie et l'Artois.

Une autre observation sur laquelle Arthur Young a passé trop légèrement, ce sont les frais que la culture anglaise occasionnerait en France; cependant ce calcul doit entrer pour beaucoup dans la décision de celui qui veut changer de méthode. Quelqu'estime donc que j'aie pour ce savant, je ne puis lui accorder la supériorité de sa culture sur la nôtre, dont il est impossible qu'il ait eu des connaissances assez exactes et assez détaillées pendant un voyage de treize mois (1). Les bornes de cet ouvrage ne me permettent pas de m'étendre davantage sur notre fureur anglomane; j'observerai seulement que la grande réputation des Anglais pour la culture vient de deux causes principales : la première, la richesse de leurs cultivateurs, qui achètent un taureau jusques à 15,000 liv; la seconde, la multiplicité et le talent de leurs écrivains. On pourrait dire d'eux ce que Saluste disait des Athéniens: *Quia provenere ibi magna scriptorum ingenia, facta pro maximis celebrantur* (2). Je me tais donc, et je me range volontiers à l'opinion d'un sage écrivain dont voici les termes : *On n'examinera pas si ces insulaires*

---

(1) On peut voir dans la Feuille du Cultivateur, tome III, n°. 93, les observations de Varenne-Fenille sur le Voyage en France d'A. Young.

(2) Salustii Catilina, cap. 8.

*méritent toujours l'admiration de quelques Fran-
çais ; nous louons souvent ce peuple sans sujet,
et il nous blâme de même* (1). J'ajoute que l'enthousiasme anglais va souvent de pair avec le
nôtre ; un fait arrivé depuis deux ans le prouve
bien : un cordonnier de Londres, nommé Boels-
fieds, se mêle aussi de faire des Georgiques. Ce
poëme fait sa fortune ; et l'Anglais, par fois plus
léger que le Français, ne sait ce qu'il doit le plus
admirer de ses vers ou de ses souliers.

SECTION TROISIÈME.

Économie.

A quoi bon qu'un champ rapporte beaucoup,
s'il coûte beaucoup ? (*Caton.*)

Le sort du cultivateur serait trop heureux, s'il
n'était contrarié par l'intempérie de l'air et par
des fléaux inattendus, qui, en lui enlevant ses
plus belles espérances, lui font perdre le fruit de
ses peines et de ses travaux. Si ces terribles accidens sont rares, il est rare également de voir des
récoltes complètes en tous genres. Sur six années,
à peine peut-on en compter une bonne, et chaque
année est presque toujours accompagnée de quelque circonstance fâcheuse qui dérange les calculs

----

(1) Préservatif contre l'Agromanie, p. 49.

les mieux établis. Le moyen de réparer ces pertes? Une économie constante, commandée par la nécessité de combiner ses avances avec ses bénéfices, pour ne pas dépenser autant qu'on reçoit; car on triomphe presque toujours des terreins les plus ingrats, en multipliant la culture et les engrais; mais on est mal payé de ses peines, et la satisfaction d'avoir réussi tient seule lieu de produit. Or, est-ce là ce que cherche notre cultivateur? Non; il lui faut un revenu, et, je le répète, il ne le trouvera que dans l'économie. Peu d'auteurs modernes ont traité des moyens d'y parvenir, parce que peu ont parlé à cette classe d'individus pour qui j'écris. Qu'on me pardonne donc les détails dans lesquels je vais entrer; ils paraîtront minutieux à ceux qui n'aiment que les dissertations savantes ou les systêmes artistement présentés; mais, j'ose le dire, le père de famille y trouvera des avis conformes à ses goûts. Si tous ceux que je lui présente n'ont pas pour lui le mérite de la nouveauté, au moins sera-t-il charmé de me voir approuver ce qu'il pratique déjà, et il me saura toujours gré de lui offrir quelques moyens d'économie qui avaient échappé à sa sagacité et à sa sagesse. Je divise les moyens d'économie en quatre articles : économie dans l'emploi du tems; économie dans la quantité de domestiques et de bestiaux; économie dans le ménage

de la maison; ordre dans la recette et la dépense,
pour s'assurer une véritable économie.

Premier moyen. — *Économie de tems.*

La perte du tems est irréparable. Notre cultivateur saura donc mettre à profit tous les momens
favorables aux travaux. Ses domestiques partiront
le matin et le soir à l'heure indiquée, et le tems
du repas et du sommeil sera réglé suivant la saison; un quart-d'heure seulement de retard chaque
attelée, apporte un grand préjudice, puisque si
on a quatre valets de charrue, cela fait deux heures par jour; c'est-à-dire, presque le tems de labourer un quart d'arpent. Je dis la même chose
de toutes les espèces d'ouvriers. Il en est qui ne
peuvent jamais venir matin; qu'on les renvoie
chez eux, après les avoir averti plusieurs fois, cela
servira d'exemple aux autres. On aura soin aussi
d'examiner la quantité d'ouvrage de chacun, et
il serait bon pour cela d'avoir quelques notions
d'arpentage, afin qu'on pût trouver promptement, et seulement en marchant, ce que chacun
a fait dans sa journée : alors, sans faire semblant
de rien, on mesure aisément la quantité de terre
que le charretier a labourée, que le faucheur a fauchée ou que l'ouvrier a fouie : cette surveillance
obligera les domestiques à travailler et à employer
leur tems.

Deuxième moyen.* — *Économie de domestiques et de bestiaux.

Ayez un nombre suffisant de domestiques, mais prenez garde d'en avoir trop. Plus on en a, plus ils sont oisifs, et par conséquent insolens. Quelquefois le desir de cultiver la terre en saison, oblige de prendre des gens de journée; faites-le toujours avec discrétion; balancez les soins qu'exige la terre avec le tems qui vous reste et les gens que vous avez, et craignez toujours de n'être pas payé du surcroît de dépense que vous ferez pour assurer votre récolte : le desir de réussir vous fait souvent croire que telle ou telle opération est urgente, tandis qu'il serait encore plus utile de la différer. Un hiver long et rigoureux a empêché les labours; il faut réparer le tems perdu en prenant plus de monde. Insensé que vous êtes ! le tems que vous comptez perdu ne l'est pas. Les neiges et les frimas ont répandu sur votre terre des sels qui valent mieux qu'un labour. Travaillez donc sans relâche, mais jamais ne dépensez pour réparer le retard des saisons; la nature doit être votre guide : si le tems et vos occupations le permettent, cultivez vos terres sans compter le nombre des labours; mais ne croyez pas tout perdu, si elles ont un labour de moins.

S'il faut retrancher les ouvriers inutiles, à plus

forte raison les bêtes de travail; et c'est avec bien de la sagesse que le père de l'agriculture française nous dit :

> Si le bœuf a rempli ta grange ,
> C'est aussi le bœuf qui la mange.

N'ayez donc que le nombre nécessaire de chevaux; il vaut mieux les avoir bons, qu'en avoir de mauvais en grand nombre : les bons ne coûtent pas plus cher à nourrir que les mauvais, et font beaucoup plus d'ouvrage. Pensez aussi que c'est une grande économie que d'avoir un soin particulier des chevaux; les meilleurs ne durent guère lorsqu'ils sont mal conduits ou mal soignés: ne les confiez donc jamais à de mauvais conducteurs, et veillez même sur les bons. Un petit mal négligé met souvent hors de service l'animal le plus courageux et le plus fort; par conséquent prévenez le mal dès le commencement: *Principiis obsta.* Veillez encore à ce que les conducteurs ne surchargent jamais leurs chevaux lorsqu'ils charrient vos bois, vos récoltes, vos fumiers et autres engrais ; la plupart se font gloire de charger beaucoup, pour faire voir leur habileté et la force de leurs chevaux. Faites là-dessus les défenses les plus sévères; fixez la charge que vous jugez convenable à la force de votre attelage et à la qualité des chemins, et examinez souvent si vos ordres

sont exécutés ponctuellement. Veillez avec d'autant plus d'exactitude, qu'il ne faut qu'un coup de
collier pour éreinter un cheval ou le rendre pous-
sif. Quant aux autres bestiaux, n'en ayez jamais
pour la simple curiosité, mais pour le profit que
vous en tirerez ou les engrais qu'ils vous produisent; veillez aussi sur la quantité de nourriture
qu'ils consomment; ayez soin qu'ils soient bien
nourris, mais non trop abondamment, et rappe-
lez-vous que des soins et une nourriture réglée
suffisent pour les entretenir en bon état.

L'œil du maître engraisse le bœuf.
Olivier de Serres.

Troisième moyen. — *Ordre dans la recette et la
dépense.*

Pour maintenir l'ordre et se rendre compte à
soi-même, il faut avoir plusieurs registres dont
voici le détail : 1°. Un registre de recette et de
dépense, divisé en plusieurs articles. La recette
en aura au moins sept, savoir : pour la vente du
blé, pour celle de l'avoine, pour celle de l'orge,
pour celle des pois, vesce et autres graines, pour
cidre ou pommes vendus, pour les laines ou bestiaux, pour les volailles ou pigeons, pour le
beurre et le lait. La vente du blé et autres grains
aura sept colonnes; la 1.re indiquera le jour; la
2.e, le nom de l'acheteur; la 3.e, la quantité du
grain; la 4.e, le prix du sac; la 5.e, la quantité ven-

due; la 6.e, le prix reçu; la 7.e, le débet de l'acheteur. Cette méthode évitera beaucoup d'erreurs, et mettra le propriétaire à même de savoir promptement la quantité de grain vendu, l'argent qu'il a reçu et ce qui lui reste dû. Le registre de dépense sera aussi composé de huit articles, 1°. le ménage, 2ⁿ. les charretiers, 3°. les berger et garde-champêtre, 4°. les conducteurs de gros bétail, 5°. l'achat des bestiaux, 6°. les grains achetés, 7°. les réparations, 8°. les impositions. De cette manière on voit d'un coup d'œil ce qui est redû à chacun et ce qu'on a dépensé pour chaque article. La balance de recette et de dépense ne doit être arrêtée qu'immédiatement avant la moisson; à cette époque doit commencer l'année rurale, afin de pouvoir calculer exactement les produits et les dépenses de chaque récolte.

2°. Un registre à cinq colonnes, pour chaque espèce de grains battus chaque jour; savoir, seigle, blé, orge, avoine, pois.

3°. Un registre qui contiendra l'état des récoltes en tout genre, le produit des grains de chaque espèce, et l'emploi qui en a été fait. L'état des récoltes ne composera qu'un article, mais à plusieurs colonnes; la 1.re, pour la qualité du grain; la 2.e, pour la désignation et l'étendue de la pièce de terre récoltée; la 3.e, pour marquer la place où cette récolte a été mise; la 4.e, pour la quantité de gerbes récoltées. Comme l'on voit, cette méthode rassemblera, dans un même tableau, les productions de chaque pièce de terre; ce qui est toujours intéressant pour celui qui les cultive. L'emploi de la récolte sera plus détaillé, et contiendra plusieurs articles; un pour la semence, qui désignera la quantité, la qualité et la préparation du grain jeté dans chaque pièce; un pour le blé donné aux calvaniers et moissonneurs; un pour le blé donné aux batteurs; un pour le blé donné aux charretiers, bergers, conducteurs de bestiaux, etc.; un pour le blé donné au moulin, en désignant la qualité du blé; un, enfin, pour l'orge et autres grains donnés au moulin pour engraisser les bestiaux et volailles.

Tous ces articles d'emploi seront ensuite récapitulés dans un seul, où on mettra, pour chaque espèce de grains récoltés, la proportion des gerbes avec le grain qu'elles ont produit; puis ensuite l'emploi qu'on en a fait. On s'assurera par là de la fidélité de ses domestiques, ou si, par hasard, on n'a pas oublié d'écrire quelqueemploi. Ce même registre contiendra encore un article important qui désignera, année par année, l'état des diverses productions de chaque pièce de terre, afin de pouvoir les diversifier, et renfermera, en même tems, la quantité et la localité des terres fumées et parquées chaque année.

4°. Un registre pour la consommation, c'est-

à-dire, la nourriture des hommes et des chevaux ;
on y écrira la quantité de cochons tués pour la
maison ; la quantité d'œufs de tout genre, ce qu'on
en a mangé, ce qui en a été vendu ; et de même
pour le lait, le beurre et le fromage ; le jour où
une certaine quantité de lard a commencé, et
celui où elle a fini ; le jour où on a entamé une
pièce de cidre, vin ou bière ; celui où on commence le fourrage d'un grenier dont on sait le
compte ; ainsi de l'avoine et autres grains. Ce ré-
pertoire contribuera d'autant plus à l'ordre et à
l'économie, qu'on pourra le consulter souvent et
examiner si on s'écarte soi-même de la règle.

Quatrième moyen. — Économie dans le ménage
de la maison.

Un objet essentiel pour l'économie, c'est la
surveillance du ménage. Les charretiers et ouvriers seront bien nourris, mais sans profusion.
Si l'on n'y prend garde, la ménagère outre-passe
les ordres pour la quantité de viande ou de boisson : les plus petites dépenses réitérées forment,
au bout de l'année, une somme considérable. Il
est donc indispensable de mettre beaucoup d'ordre
dans les dépenses journalières. Pour y parvenir, il
faut tenir soigneusement sous la clef toute espèce
de provisions, ne les distribuer que de tems en
tems, et fixer leur durée. On sent bien que ces

menus détails du ménage , ainsi que le quatrième registre dont j'ai parlé , ne regardent que la mère de famille. Elle s'en acquittera parfaitement, pour peu qu'elle s'y applique : car si les dames ont de la peine à quitter la ville, aussi sont-elles souvent les premières à donner, à la campagne, l'exemple de la règle la plus sévère, du ménage le mieux ordonné. Une vie sobre et tranquille les dédommagera bientôt des sacrifices qu'elles prétendent avoir faits en venant habiter la maison des champs. Elles y trouveront une santé et une paix qu'elles ne pouvaient même espérer à la ville; elles y jouiront d'une aisance qui les surprendra et leur fera oublier promptement des plaisirs toujours ruineux. Autrefois, pauvres à la ville, et dépensant peut-être plus que leurs revenus, elles seront riches à la campagne, parce qu'une table frugale, des habits modestes leur permettront d'économiser beaucoup et d'amasser pour leurs enfans. Quelque médiocre que soit leur fortune, elles ne se trouveront jamais dans la gêne, parce que leurs besoins seront moins grands; en effet, même sans argent, elles y sont encore dans une abondance qui ne leur coûte rien, parce que le grenier regorge de blé, que les tonneaux sont pleins, et que la cour est couverte de volailles et le potager de légumes(1).

____

(1) Et horna dulci vina promens dolio
Dapes inemptas apparet. *Horat. Epod.* 2.

Mille et mille fois heureux ceux que la conformité de goût réunira ainsi sous un toit rustique! Qu'ils écoutent Virgile peindre ainsi leur bonheur :

Leur compagne près d'eux partageant leurs travaux ,
Tantôt d'un doigt léger fait rouler ses fuseaux ,
Tantôt cuit dans l'airain le doux jus de la treille ,
Et charme par ses chants la longueur de la veille.

Georg. liv. I.

SECONDE PARTIE.

DESCRIPTION DE LA FERME.

Instructions sur les Bestiaux et sur les Instrumens aratoires.

> Hâte-toi de connaître
> Ce qui doit composer ton arsenal champêtre.
> *Georg. de Del.* liv. I.

AMONTEMENT.

La première chose que doive faire une personne qui veut établir un faire-valoir, c'est d'avoir tous les fonds nécessaires pour commencer cette entreprise : c'est une chose fort coûteuse que de monter une ferme, et il faut toujours compter environ 5,000 liv. par charrue ou pour quatre-vingt arpens. Ainsi une ferme de trois charrues ou de deux cens quarante arpens, coûterait 15,000 liv. La dépense serait moins forte dans une ferme plus considérable, parce que la quantité des bestiaux, des équipages et instrumens aratoires, ne doit pas suivre entièrement la proportion des terres. Quelques personnes estiment les grandes ex-

4 *

ploitations comme coûtant moins à faire valoir que les petites; cela est vrai, mais aussi rapportent-elles beaucoup moins, parce que les domestiques y sont plus nombreux, et par conséquent il s'en trouve toujours d'infidèles ou de paresseux; parce qu'aussi les soins étant plus multipliés, ne peuvent être donnés avec la même exactitude. En voici une preuve sensible : supposons que, dans une ferme de deux cens quarante arpens, j'aie trois arpens de fourrages qu'il faille mettre en meule, parce que le tems menace, je trouverai aisément des bras pour faire mon ouvrage promptement et en tems convenable; ce qu'il me sera impossible de faire dans une exploitation beaucoup plus considérable, de huit à neuf charrues, par exemple.

Je penche donc pour les fermes d'une médiocre étendue, où le propriétaire pourra bien choisir son monde et ne rien épargner pour une bonne culture; sur-tout je conseille de ne pas oublier cet avis de Columelle : *le champ doit être plus faible que le laboureur ; s'il est plus fort, il sera ecrasé.* Proportionnez donc la grandeur de votre exploitation aux fonds que vous avez. Si vous en avez peu, exploitez peu; mais ne faites pas la folie d'emprunter pour votre faire-valoir. Quelque faible intérêt que vous donniez, vous ne le trouverez pas dans ce qu'on appelle *monture*, qui ne vous rapportera rien les premières années. Vous vous imagineriez faussement pouvoir rendre l'argent emprunté sur la première récolte, presque toujours absorbée par les dépenses aussi nécessaires qu'imprévues. D'ailleurs, cette récolte de la première année (je n'ose pas dire des trois premières) est souvent médiocre, soit par la mauvaise culture du fermier précédent, soit par votre peu de connaissance du terrein et votre inexpérience. Les instructions que je vais donner seront utiles, j'espère, à ceux qui commencent, et je puis les proposer avec d'autant plus de confiance, que je ne parlerai que de ce que j'aurai vu et pratiqué.

Je diviserai ces instructions en six articles : 1°. Disposition des bâtimens de la ferme. 2°. Achat des chevaux et bestiaux. 3°. Choix des domestiques de confiance. 4°. Description des instrumens aratoires. 5°. Détail des ustensiles de culture et de ménage. 6°. Avances de la première année pour les semences et la culture.

ART. Ier. *Distribution de la ferme.*

Quand un domaine est affermé, on s'embarrasse fort peu où est placé le corps de bâtiment ; il n'en est pas de même lorsqu'on le fait valoir. Il est intéressant que le logement du propriétaire soit disposé de manière que, sans sortir, il puisse inspecter tout ce qui passe dans sa cour, que je suppose être carrée, et où je mets le corps-de-logis au milieu d'un des quatre côtés. Près de l'appartement du propriétaire ou de sa chambre d'étude, doit être la cuisine, afin que l'ordre s'y maintienne pendant l'heure du repas, par la surveillance qu'il sera à même d'y apporter, et qu'il puisse profiter de ce moment pour parler à ses domestiques des travaux faits et à faire. Près de la cuisine sera un petit bâtiment séparé destiné à cuire le pain, pour éviter l'incendie. Après la cuisine, il est convenable qu'il se trouve deux chambres; l'une servira pour toutes les provisions qui sont à la garde de la ménagère, tels que lard, pain, fromage, œufs, etc.; l'autre sera destinée à la ménagère, qui aura une croisée à coulisse sur l'écurie du premier charretier, pour le réveiller l'hiver, lui donner le matin de la lumière, et examiner le soir si elle est éteinte; les autres écuries placées en retour doivent aussi toucher à celle du premier charretier, qui, de son lit, aura une trappe à coulisse sur l'autre écurie, pour veiller sur les charretiers et les réveiller le matin. Dans chaque écurie sera une lanterne de fer, attachée au plancher, qu'on descend et qu'on monte à l'aide d'une poulie, pour éviter le danger du feu, qu'on n'y portera jamais que dans des lanternes bien fermées. Après les écuries nécessaires pour l'exploitation, viendront encore deux petites écuries, l'une pour les chevaux étrangers, qu'il est toujours plus sûr de séparer, pour éviter la contagion; l'autre pour les chevaux malades ou les jumens pouli-nières. Au-dessus des écuries seront des greniers avec des planchers dessus, pour éviter le feu, et pour y mettre les grains du second ordre, tels que avoine, orge, etc. Les écuries seront suivies d'un bâtiment contenant deux espaces fermant à clef; l'un pour les ustensiles de labour, comme chaînes à herser, volées, fourcières, socs, etc. les outils des ouvriers, comme pioches, piques, colliers, serpes, faulx, etc. enfin, pour une infinité d'us-tensiles qu'il faut absolument serrer, comme cris, cables, fourches, râteaux, etc.; l'autre pour le bois destiné au charronnage, qui doit toujours être pré-paré d'avance : le dessus de ces deux petits bâti-mens servira à mettre du fourrage; et ce rang de bâtimens sera terminé par une grange destinée seulement aux mars, comme orge, avoine, etc.

De l'autre côté du corps-de-logis, et près de l'appartement de la maîtresse, sera la laiterie, qui sera profonde et fraîche; puis à côté un bâtiment pour les lessives et ce qui en dépend. Près de la porte principale du logis seront deux autres portes, l'une pour monter à l'escalier du grenier qui sera au-dessus du logis, et destiné à mettre le blé; l'autre, pour descendre aux caves qui seront creusées sous la maison, et dans lesquelles on aura soin de mettre la boisson des gens , afin que la ménagère ne perde pas de tems à l'aller chercher au loin. En retour à gauche de la maison , seront les vacheries , suivies des bergeries , afin qu'on mêle ensemble le fumier de vache , qui est froid , et celui de mouton , qui est chaud. Le dessus des bâtimens servira à mettre du fourrage. Viendra ensuite la grange à blé , qui sera proportionnée à la grandeur de l'exploitation , et qu'on remarquera aisément par sa hauteur et sa longueur , bien différente de celle de la métairie de Rozier , qui ressemble plutôt à un poulailler qu'à une grange. Vis-à-vis du corps-de-logis , sera la porte d'entrée , à côté de laquelle on pratiquera une porte cavalière. Près de là seront les logemens des gardiens que Columelle appelle *villatici canes.* Des deux côtés de la porte seront des hangars spacieux pour mettre les voitures , charrues , herses , et autres instrumens aratoires. Devant les granges à mars et à blé , on construira deux petits bâtimens peu élevés pour loger les porcs et les volailles de toute espèce , excepté les dindons , pour lesquels on pratiquera , dans un coin de la cour , un juchoir où ils passeront la nuit à l'abri de toute insulte. Quant au jardin , il est convenable qu'il soit placé vis-à-vis de la maison , du côté opposé à la cour : il aura deux entrées , l'une destinée au propriétaire pour veiller sur le jardinier, et l'autre pour le jardinier et la ménagère.

Il est rare de trouver des fermes aussi bien disposées que je viens de le décrire, mais au moins doit-on se rapprocher le plus possible de cette distribution nécessaire à l'économie et à la surveillance, pourvu toutefois qu'on puisse le faire sans grande dépense, et qu'on n'oublie pas ce dicton gothique :

> Veux-tu savoir quelle voie
> L'homme à pauvreté convoie ?
> Elever trop de palais
> Et nourrir trop de valets.
> *Olivier de Serres.*

II. *Achats de chevaux et bestiaux.*

Le cheval de charrue, pour être bien constitué, sera de 5 pieds au plus, et 4 pieds 10 pouces au moins ; il aura le poitrail ouvert, les épaules larges, des jarrets nerveux, un ventre arrondi ; il mangera avec appétit, et s'entretiendra toujours en bon état ; il ne sera ni trop lourd ni trop vif. Quant à l'âge, il faut qu'il ait cinq ans faits, à moins qu'on n'ait des herbages propres à faire des élèves. Consultez donc un homme du métier qui puisse diriger cette acquisition, pour laquelle vous ne devez rien épargner. J'ai toujours entendu dire par les meilleurs hommes de cheval, qu'il ne fallait pas regarder au prix, quand un cheval avait les qualités qu'on desirait. En effet, il n'en est pas d'un cheval comme des bestiaux, qu'on ne doit pas acheter trop cher, puisqu'on ne les garde qu'un certain tems, pour les vendre ensuite avec le plus de bénéfice possible ; le cheval, au contraire, doit rester de longues années chez les propriétaires sages, à qui je conseille de le garder vieux quand il est bon, et de ne jamais spéculer sur cet objet. Qu'est-ce que trois ou quatre louis de plus ou de moins sur un cheval qui doit durer au moins douze ans, s'il est bon et qu'on n'en abuse pas ? On croirait à tort que les vieux sont peu propres à la culture : un cheval, quand il a été bien mené dès ses premières années, est excellent à tout jusqu'à quinze et seize ans, et j'en ai fait souvent l'expérience ; à plus forte raison est-il bon pour la culture, quand on le gouverne sagement. Par conséquent achetez toujours de bons chevaux, ne vous inquiétez pas de ce qu'ils coûtent, et ils vous dédommageront bientôt du prix que vous les aurez achetés. Quant au nombre de chevaux, on en compte ordinairement trois par charrue.

Achat des Vaches.

Pour bien cultiver, il faut avoir beaucoup d'engrais, ce qui ne se peut faire qu'avec beaucoup de bestiaux. Je ne conseille pas cependant d'acheter des fourrages et des pailles pour en nourrir davantage ; je regarde cela comme une folie, excepté dans les premières années, pour remettre une terre épuisée ; mais dans la suite il faut se contenter de rendre à la terre ce qu'elle a produit, et proportionner ses bestiaux à son exploitation. Quatre vaches suffisent par charrue ; il ne faut pas trop en avoir, parce qu'elles coûtent cher à nourrir, et rapportent par conséquent peu de profit. On choisira de belles espèces, mais presque toujours des vaches du pays : il est d'expérience que les vaches qui viennent de bons pâturages, réussissent mal dans des contrées moins fertiles en herbe, et y perdent toujours de leur fécondité ; et c'est ce qui est arrivé à ceux qui ont voulu avoir des vaches suisses. On prendra, pour commencer, des vaches de six à sept ans, pour avoir du lait en abondance, ce qu'on ne peut avoir avec des jeunes. L'âge des vaches se connaît aux dents : à deux ans, elles en poussent deux grosses par devant, et ainsi jusqu'à cinq ans, et on ne peut plus alors connaître leur âge que par l'*usure* de leurs dents, qui diminuent en vieillissant ; ce qui est le contraire des chevaux, dont les dents augmentent avec l'âge. Quant aux qualités de la vache, Virgile les avait senties avant moi, et je ne puis mieux faire que de citer son traducteur :

Que son flanc allongé sans mesure s'étende,
Vers la terre, en flottant, que son fanon descende,
Qu'enfin ses pieds, sa tête et son cou monstrueux
De leur beauté difforme épouvantent les yeux.

Achat des Moutons.

Il n'en est pas des moutons comme des vaches ; ils ne coûtent rien et rapportent beaucoup, surtout depuis quelques années que la laine est fort chère. Ils paient, par leur fumier, leur gardien et la paille dont ils se contentent ; ils donnent, tous les ans, une dépouille précieuse, et se vendent encore, au bout de trois ans, toujours un bon tiers de plus qu'ils n'ont coûté. Si les brebis demandent une nourriture plus chère, aussi donnent-elles un agneau qui, après trois mois seulement de soin pour la mère et le petit, vaut, au bout de l'année, quelquefois autant que sa mère. Achetez donc autant de moutons que vous en pouvez nourrir, mais choisissez-les avec attention. Examinez d'abord leur âge, qu'on connaît aux dents. Les moutons d'un an, qu'on appelle *antenois*, c'est-à-dire *ante annum*, remplacent les deux dents de lait de devant par deux dents plus fortes et plus longues ; à deux ans, ils poussent deux autres dents, et ainsi jusques à quatre ans qu'ils ont leurs dernières dents, c'est-à-dire en tout huit. A cette époque, ils ne sont plus bons qu'à mettre en graisse, et ne doivent être achetés que par ceux qui ont des pâturages propres à les engraisser. Après l'âge, vous examinez si la laine est blanche, graisseuse et serrée. Les yeux de l'animal vous indiqueront s'il est sain : s'ils sont clairs et entourés de fibres rouges, le mouton est sain ; mais s'ils sont obscurs et entourés de fibres ternes ou d'une couleur passée, le mouton sans contredit est pourri ; vous vous en assurerez aussi en ouvrant la laine du côté de la poitrine : si la chair est rouge, le mouton est sain ; si elle est pâle, il est pourri.

Moutons d'Espagne.

Il y a des pays où certains moutons réussissent bien, tandis que d'autres y réussissent fort mal. Conformez-vous donc au climat que vous habitez, et cherchez, dans la contrée où vous vous trouvez, les moutons les plus forts et de la plus belle espèce. Depuis environ dix ans, quelques cultivateurs ont perfectionné beaucoup leur troupeau, en mêlant des béliers espagnols avec des brebis françaises ; mais il s'en faut encore beaucoup que leurs moutons, même à la quatrième génération, ressemblent aux moutons venus directement d'Espagne. Ceux qui ont le mieux réussi se trouvent en général aux environs de Paris, c'est-à-dire, dans un rayon de dix à douze lieues, où le climat est bien plus tempéré que dans les départemens septentrionaux, où je doute qu'ils puissent jamais réussir; leur température est trop différente de celle d'Espagne, pour espérer raisonnablement que les moutons, même de race pure, n'y dégénéreraient pas peu-à-peu. Chaque climat a ses animaux et ses plantes qui lui sont tellement propres, qu'ils perdent peu-à-peu leur qualité quand ils sortent du pays. Les Anglais, si curieux en bestiaux, ont bien senti cette vérité; ils ont, il est vrai, cherché à améliorer leurs laines, à les rendre tout à la fois plus longues et plus fines; mais ils ne vont plus chercher des moutons qui ne sont pas analogues à leur température.

Je crois, d'après cela, que l'espèce anglaise conviendrait on ne peut mieux au nord de la France, comme j'en ai vu l'expérience, et l'espagnole aux habitans du midi. C'est aussi le sentiment d'Arthur Young, qui, en conseillant de faire venir tout à la fois des moutons anglais et espagnols, recommande de placer les premiers dans la vallée d'Auge, et les seconds dans la Camargue; ajoutant, comme chose essentielle, de confier les uns et les autres à un berger de leur nation. Je ne sais si les moutons espagnols qu'Arthur Young a vu en France n'étaient pas aussi beaux que ceux qui sont venus depuis, mais le témoignage qu'il en rend n'est pas flatteur. *J'examinai,* dit-il, *plusieurs moutons qu'on me dit venir d'Espagne, je n'en rencontrai jamais un qui eût de la laine comparable à celle d'Espagne; et ces moutons espagnols étaient si mal faits, que l'on aurait autant perdu sur leur carcasse, que gagné sur leurs laines* (1).

Le gouvernement, jaloux, avec raison, d'améliorer les laines en France, se plaît à en faciliter les moyens. Entrons donc dans ses vues en cherchant l'espèce la plus propre à notre climat; si ceux d'Espagne ne peuvent y réussir, après plusieurs tentatives, essayons des moutons anglais, qui ont aussi leur mérite, quoiqu'inférieurs à ceux d'Espagne. Sortis d'une température plus froide, 1°. ils sont moins sujets aux maladies et plus propres à passer la moitié de l'année dans les champs; 2°. ils sont moins délicats pour la nourriture, et ont moins besoin de soin que les espagnols. On me répondra à cela, cette différence ne peut exister que pour ceux qui sont transplantés en France et qui changent de climat; elle est nulle pour ceux qui y sont naturalisés. Cela est peut-être vrai; mais, je le demande, l'animal, en se naturalisant, peut-il avoir une toison espagnole avec un tempérament français? Le changement de climat n'influera-t-il pas autant sur la toison

____

(1) Voyage en France , tome III.

que sur les autres dispositions physiques ? De plus habiles que moi, ou plutôt l'expérience, répondront à cette question.

III. *Choix des domestiques de confiance.*

D'après les principes que j'ai exposés dans mon introduction, l'activité et l'économie devant contribuer singulièrement à la prospérité du cultivateur, il s'ensuit qu'un de ses premiers devoirs est de bien choisir ceux qui doivent l'aider dans ses travaux, et suivre les premiers la règle et l'ordre qu'ils prescrivent aux autres. Je commence par le premier charretier.

Premier charretier.

Cet homme doit avoir la confiance du propriétaire, qui se reposera sur lui de mille détails dans lesquels il lui serait trop pénible d'entrer; il doit aussi être en état de diriger la culture et de l'enseigner aux autres. Deux qualités principales doivent se trouver réunies dans un même sujet : *fidélité, connaissances.* 1°. *Fidélité ;* cette qualité est aussi rare qu'indispensable pour un homme de confiance. Peu de gens sont fidèles, parce que beaucoup sont pauvres, et que la pauvreté est une tentation à laquelle le très-petit nombre résiste. Ne vous contentez donc pas de la bonne réputation d'un homme, ni des rapports avantageux qu'on vous en fera; prenez des moyens encore plus sûrs. Les voici : choisissez d'abord un homme qui ait de petites propriétés, ou que son travail ait toujours mis à l'abri de l'indigence. Considérez la famille à laquelle il appartient ; car ce proverbe, *bon chien chasse de race*, est vrai, quoique trivial. Préférez toujours celui qui a été long-tems dans la même maison; prenez des informations sérieuses sur sa moralité, en vous souvenant qu'un homme vertueux est toujours fidèle. Enfin, si vous ne trouvez pas ce que vous desirez dans la classe des domestiques à gages, cherchez quelqu'un qui fasse valoir un petit bien; par exemple, un père de famille dont les enfans sont élevés, et qui cultiverait cinq à six arpens de terre avec un seul cheval; il ne voudrait pas servir, mais la confiance que vous lui donnerez, les gros gages et le sort que vous lui assurerez, le détermineront à consentir à vos desirs. N'épargnez rien pour l'avoir, et ne regrettez pas le prix qu'il vous demandera; il vous coûtera toujours moins qu'un homme d'affaires ou un maître d'ordre, qui, la plupart du tems, sont des paresseux ou des ignorans.

2°. *Connaissances en agriculture.*

Il n'y a que l'expérience qui puisse donner

de la science : ainsi, que celui sur le savoir duquel
vous vous reposerez , ait quarante ans au moins;
qu'il ait cultivé la terre dès son plus jeune âge, et
qu'il connaisse sur-tout le sol du territoire où vous
vous trouvez. Il serait même à desirer qu'il eût
long-tems cultivé les terres que vous allez faire
valoir : les lumières que vous tirerez des connaissances locales de cet homme, vous rendront un
service inappréciable et vous apprendront ce que
vous ne pourriez savoir que par des essais réitérés
et après plusieurs années. Quand vous aurez joint
la pratique à la théorie, vous saurez vous passer
de ses conseils ou les estimer leur juste valeur:
mais, pour commencer, vous vous livrerez tout
entier à lui; son expérience, sa routine, si vous
voulez, feront votre tranquillité. Une autre qualité essentielle pour l'homme que nous desirons,
c'est de savoir se faire obéir par les valets qu'il
sera chargé de surveiller. Une conduite sans reproche, un peu plus d'instruction que le commun
des paysans, le respect qu'inspirent l'âge et la
vertu, lui attireront déjà la considération; mais ce
qui achevera de lui donner du poids et de l'auto-
rité, c'est la confiance que son maître lui témoi-
gnera et les égards qu'il aura pour lui.

Je ne parle pas des autres qualités indispensables à tous les domestiques, l'activité, l'adresse,
la douceur, le soin des chevaux ; celles que j'exige

pour le premier charretier sont bien plus difficiles à trouver, et par conséquent très-rares. C'est un motif plus que suffisant pour conserver un homme si précieux et si difficile à remplacer; je ne saurais trop conseiller de prendre tous les moyens possibles pour se l'attacher, en supportant ses défauts, en évitant les reproches ou les vivacités qui pourraient l'éloigner. Plus il y aura de tems qu'on le possédera, et plus il faudra le ménager; car quelques connaissances qu'on eût de son sol, il serait toujours mal cultivé par un homme qui ne le connaîtrait pas. *Comme aux enfans la mutation de nourrice est préjudiciable, aussi au labourage les diverses mains préjudicient, n'étant à estimer que le viel laboureur qui, par habitude, s'est rendu savant en la partie de vos terres.* D'où vient ce proverbe languedocien :

> Un bouvier sans barbe
> Fait aire sans garbe.
> *Olivier de Serres.*

Ménagère.

Les devoirs de la ménagère sont extrêmement multipliés ; elle veille sur tous les domestiques en général, les appelle à l'heure du repas, leur distribue la nourriture et la boisson; tient sous sa garde toutes les provisions de bouche; surveille particulièrement les bestiaux, et fixe leur nourriture journalière, prend soin de toutes les volailles, arrange elle-même la laiterie, et commande aux filles ou valets destinés aux gros ouvrages, comme de nettoyer les écuries et les étables, traire les vaches, distribuer le fourrage; conserve soigneusement sous sa clef les ustensiles qui ne sont pas de labour, comme sacs, semoirs, paniers, cordages, faulx, etc. Ces fonctions, qui paraîtront peut-être minutieuses, sont cependant si intéressantes, qu'elles décident du profit ou de la perte du propriétaire. Les récoltes auront beau. être abondantes, la dépense excédera la recette, si la ménagère ne porte un œil sévère sur tous les détails de la maison : on doit donc être fort difficile sur le choix. Cette fille aura au moins quarante ans, sera laborieuse, d'une bonne santé, et saura bien lire et écrire ; son extérieur sera imposant et son langage un peu au-dessus du commun, toujours propre et bien vêtue; elle aimera l'ordre et fera régner par-tout la propreté; d'une fidélité à l'épreuve, elle aura des mœurs intactes, un sérieux qui la fasse respecter de ceux à qui elle doit commander; toujours sévère et inflexible, elle fermera l'oreille aux murmures des subalternes , et ne s'occupera que de plaire à son maître. Les yeux sans cesse ouverts sur ce qui se passe, elle l'instruira de tout, et loin de blâmer son économie, lui indiquera les moyens de l'appliquer à une infinité de petits objets qui lui paraîtront toujours importans.

Une fille telle que je viens de la dépeindre, est encore plus rare qu'un charretier de confiance ; mais aussi n'est-on pas obligé de la prendre dans le pays : je préfère même qu'elle n'en soit pas, afin qu'elle n'ait de liaison avec personne, qu'elle soit plus respectée, et que sa fidélité soit moins exposée. Cherchez là donc par-tout où vous croirez la trouver, ne ménagez rien pour vous l'attacher, et sachez que quelque avantage qu'on lui fasse, son sort sera encore moins heureux que celui du maître qui la possédera.

IV. *Instrumens aratoires.*

Hæc sunt mea veneficia, disait Cresinus, en apportant sur le forum tous ses instrumens rustiques ; et certes, il avait grande raison. Des charrues qui retournent bien la terre et ouvrent un profond sillon, des herses et des rouleaux qui amollissent et divisent bien la glèbe ; voilà déjà une partie de l'art de cultiver. Il est donc essentiel de donner quelques notions au cultivateur, sur les instrumens qu'il doit employer.

Charrue.

Comme il faudrait un livre entier pour décrire toutes les différentes sortes de charrues, je renvoie aux savans qui ont écrit là-dessus; je ne veux pas même décider quelle est la meilleure, et je pense que la charrue en usage dans chaque pays est bonne, pourvu qu'on sache bien l'employer; on ne sera peut-être pas fâché de voir là-dessus l'opinion de Liébault. *Je ne m'empêche, en cet endroit, de la forme de la charrue, ni à la diversité qui se trouve selon les régions, comme le pourrait demander la différence des charrues à bœufs et à chevaux; attendu que comme selon le pain il faut le couteau, aussi selon la force et la puissance de la terre il faut l'instrument et outil pour la couper et labourer.* En général, chaque pays a adopté la charrue propre à son terroir; dans une partie de la France, par exemple, comme dans la Brie, le Vexin, etc. l'on se sert de charrues à versoir, qu'on appelle ainsi parce qu'elles ont un soc à un seul tranchant fort large, auprès duquel est une pièce de bois ceintrée nommée *versoir*, qui remue toujours la terre du même côté; on emploie cette charrue parce qu'on y laboure en planches pour faire écouler l'eau. Dans d'autres, comme en Picardie, on emploie la charrue à tourne-oreille, qui a un soc à deux tranchans parfaitement égaux, près duquel se trouve un morceau de bois appelé *oreille*, qu'on change à volonté, parce que les terres, n'étant pas si noyantes, s'y labourent à plat. Changer donc de charrue sans y avoir beaucoup réfléchi et avant des expériences multipliées, c'est un folie. La charrue qui réussit en Brie, où les terres sont très-fortes, réussit fort mal dans notre canton. J'en ai fait moi-même l'expérience, ce qui me met en état d'indiquer l'avantage de chacune de ces charrues; la charrue de Brie ouvre un sillon plus large, et par conséquent débite plus d'ouvrage, mais aussi divise-t-elle moins la terre et exige-t-elle plus de chevaux que la tourne-oreille. Celle de Picardie ne forme pas un labour très-égal, à cause de la variation du soc et de l'oreille; celle de Brie, au contraire, fait un labour toujours égal, mais aussi est beaucoup plus fatigante pour le conducteur et les chevaux; pour le conducteur, qui ne peut la quitter un seul instant; pour les chevaux, qui peinent beaucoup plus lorsqu'il faut appuyer sur la charrue; ce qui n'arrive pas à la tourne-oreille, qui, dans de bonnes terres, laboure presque toute seule; enfin, un autre avantage de la tourne-oreille, c'est d'entamer la terre infiniment mieux que l'autre, parce que son soc est plus long et plus effilé, l'age est construit plus solidement et aspire plus la terre.

L'exemple que je viens de citer est suffisant, ce me semble, pour engager à perfectionner la méthode du pays sans la changer entièrement. Servez-vous des mêmes charrues que vos voisins,

mais employez, pour les établir, les plus habiles
ouvriers. Que votre charrue soit construite fortement, sans être pesante ; que les roues de l'avant-
train ne soient ni trop basses, ni trop grosses, pour
ne pas fatiguer inutilement les chevaux ; que l'age
ou timon soit parfaitement droit ; que le sep qui
reçoit le soc, aspire toujours assez la terre, parce
qu'il est aisé de relever une charrue trop aspi-
rante ; au lieu qu'il est impossible de faire entrer
suffisamment dans la terre celle qui ne l'est pas
assez. Que le soc, toujours bien tranchant, divise convenablement la terre, qui sera ouverte et
préparée par le coutre assujetti à l'age ; enfin,
que le versoir ou l'oreille mouvante la renverse
entièrement, et toujours également.

Des herses.

Il est bon d'avoir des herses de deux façons :
de pesantes, quand la terre est dure, lourde ou
couverte de grosses mottes ; de légères, lorsque
la terre est meuble, pour être menées par un seul
cheval. Les dents des herses doivent être longues
et du bois le plus dur et le plus sec ; et le cor-
nouiller est le meilleur bois qu'on puisse employer à cet usage. Comme néanmoins les dents
se cassent souvent, on en aura toujours une provision chez soi, et on ne souffrira pas qu'un charretier herse avec des dents cassées ou trop usées.

Quant à la forme des herses, je préfère les triangulaires aux carrées, parce qu'elles divisent mieux la terre, et plus promptement.

Un cultivateur doit aussi se procurer une herse à dents de fer ; ces dents doivent être attachées avec des écroux aux barres, que l'on fait plus fortes et qu'on soutient avec des liens de fer : cet instrument, ignoré dans beaucoup d'endroits, est cependant utile dans tous les pays, si vous en exceptez les terreins sablonneux ; toutes les autres espèces de terre en peuvent tirer avantage, lorsqu'elles sont durcies par la chaleur ou de grandes pluies, ou qu'elles poussent beaucoup d'herbes. Nous en verrons les divers usages dans la suite.

Rouleaux.

Les rouleaux sont diversifiés à l'infini ; les plus utiles et en même tems les moins chers, sont le rouleau à cheville et le rouleau simple, l'un pour entasser le grain, l'autre pour briser les mottes, unir et entasser la terre. Ils sont, comme nous le ferons voir, d'une grande utilité dans certaines circonstances. Le cultivateur ne manquera pas d'en avoir des deux espèces, mais bien proportionnés, et sur-tout d'une longueur médiocre, pour pouvoir tourner plus aisément.

Charrettes.

La forme de charrettes que j'estime le p us est celle à fourgon, pour trois raisons : 1°. elles facilitent et accélèrent tout à la fois le charriage ; elles le facilitent parce qu'elles conservent davantage les chemins, l'ornière restant toujours au milieu des deux chevaux ; elles l'accélèrent parce que les chevaux vont beaucoup plus vîte ; 2°. les chevaux coûtent moins cher, deux chevaux de moyenne taille suffisant pour un fourgon, tandis que, pour mettre dans les limons, il est besoin d'un très-fort cheval. 3°. Les chevaux sont bien moins fatigués, parce que le poids est réparti sur deux, et qu'ils peuvent être retenus, quand ils sont trop ardens, par une retraite qu'on attache à la flêche, ce qu'on ne peut faire lorsqu'ils sont au bout l'un de l'autre. Le seul désavantage du fourgon, c'est que les chevaux le portent ordinairement sur le cou ; mais on peut remédier à cet inconvénient, en suspendant la flêche par un bâton porté par les chevaux à la manière des guinguettes. D'ailleurs, quand un fourgon est bien proportionné et bien chargé, que les chevaux sont bien faits, et par conséquent d'une encolure relevée, ils ne portent presque rien. Ceux qui élèvent de jeunes chevaux, préfèrent le chariot, parce qu'ils y sont moins gênés ; mais quelle différence de poids ! Trois chevaux ordinaires traîneront au fourgon ce que quatre très-forts ne tireront pas à un chariot. Je n'estime donc le chariot que dans les habitations situées dans les vallées, et où par conséquent les récoltes doivent toujours descendre. Les chariots sont encore bons sur les grandes routes, mais ils ne valent rien dans les campagnes, où deux roues de plus font un double effort, lorsqu'elles enfoncent dans les terres ou les mauvais chemins.

Le fourgon coûte infiniment moins cher que le chariot ; mais, outre cette économie, il en procure encore une autre au propriétaire, c'est d'éviter la multiplicité des voitures ; car, quand on emploie des chariots pour la récolte et les bois, il faut encore des charrettes à limon ou à fourgon pour les fumiers, et cela pour la commodité du déchargement. Mais quand on se sert du fourgon, on emploie le même train à plusieurs usages : pendant les trois quarts de l'année, on le met sur une voiture de moyenne grandeur, destinée au transport des grains, aux charriages des bois et fumiers ; pendant les trois mois de récolte, on le met sur une voiture plus longue, c'est-à-dire de dix pieds sur quatre, qu'on retire à la fin de Septembre, et qu'on serre dans un endroit à l'abri. De cette manière on n'entretient pas plusieurs équipages suivant ses différens besoins, et on trouve aisément de la place pour les serrer.

Outre le fourgon, il convient encore d'avoir une petite charrette à limon, et légère, pour un seul cheval, destinée à aller chercher le fourrage en vert ou autres provisions. Il faut aussi avoir un ou deux *barreaux* (tombereaux) à flêche ou à limon, pour voiturer les cailloux, la marne, la cendre et autres engrais. Pour toutes ces voitures on emploiera toujours de bons ouvriers, en ayant soin qu'il ne se servent que de bois bien sec. L'article le plus essentiel des voitures, ce sont les roues : qu'elles ne soient ni trop pesantes ni trop légères, mais toujours suffisamment élevées; que le moyeu soit bien choisi et d'orme franc, les raies et jantes bien assemblées, le bandage de la meilleure qualité, et revêtu de clous faits avec de bon fer.

V. *Ustensiles de culture et de ménage.*

Le cultivateur est encore obligé d'avoir une grande quantité d'ustensiles de culture ; chacun coûte peu, mais ils ont si multipliés et en même tems si indispensables, que ces petites dépenses réunies forment une somme considérable. La grange exige des moulins et cribles de plusieurs sortes pour vanner et nettoyer le blé ; le cellier, des tonneaux de toute grandeur et une provision suffisante de cerceaux pour relier les pièces; les vergers et jardins, des bêches, ratissoires,

fourches, râteaux, brouettes, etc., etc., etc.;
le transport des grains, des cris, des cordages, des
fourcières, de toiles sous les voitures, etc.; le
façonnage des bois, des coignées, des serpes,
des piques, etc.; et ainsi de tous les divers objets de la culture; chacun a son attirail à part, et
ne peut être bien exécuté qu'avec des outils bien
conditionnés et même souvent multipliés. Les
ustensiles du ménage sont aussi fort nombreux,
si on veut tout tenir dans l'ordre et la propreté;
il coûtent encore moins que ceux de la culture,
mais leur fragilité oblige de les renouveler plus
souvent, et exige plus d'attention.

VI. *Avances de la première année.*

Voilà notre ferme montée en bestiaux de toute
espèce, en ustensiles de culture et de ménage,
en instrumens aratoires; les constructions et dispositions extérieures sont terminées; les domestiques de confiance sont arrêtés; mais nous ne
sommes pas pour cela au bout de nos dépenses;
il faut acheter des semences de toute espèce, et,
ce qui est encore plus cher, pourvoir à la nourriture des valets et des bestiaux pendant quinze
mois entiers. Pour les semences, on n'épargnera
rien pour se procurer les meilleures qualités;
quant aux valets et aux bestiaux, on ne nourrira,
pendant ce tems, que ceux dont on a absolument

besoin; car dès le premier Mai de l'année qui précède l'entrée en jouissance , il convient de faire les jachères qui doivent être semées en Octobre. Il faut donc, à cette époque, établir un ménage, mais il doit être petit : une ménagère, deux charretiers, quatre chevaux, deux vaches suffiront pour notre ferme; mais, quelque petit que soit ce ménage, combien ne coûtera-t-il pas, puisqu'il faut acheter blé , viande , boisson pour les hommes, et pour les chevaux l'avoine et le fourrage, la paille même destinée à les coucher; et cela jusqu'à la récolte qui ne doit se faire qu'au mois d'Août de l'année suivante , c'est-à-dire, comme je le disais tout à l'heure, quinze mois après ! Cette dépense, qui ne serait rien si on la prenait sur sa chose , coûte beaucoup parce qu'elle ne procure aucun objet de jouissance; elle doit cependant précéder toutes les autres dépenses , que l'on ne doit faire que lorsqu'on est prêt à jouir et de manger le grain qu'on a semé.

On pourra juger , par les détails que je viens de donner dans ces six articles, des soins et des dépenses nécessaires pour monter une ferme. J'ai peut-être été un peu long , mais il fallait absolument ne rien oublier de ce qui peut assurer l'espoir du cultivateur.

Queis sinc nec potuere seri , nec surgere messes.
Virg. Georg. l. I.

TROISIÈME PARTIE.

TRAVAUX AGRICOLES DE CHAQUE MOIS.

MOIS DE MAI.

Sans doute le printems vit naître l'univers. *Georg. l. I.*

LE mois de Mai étant l'époque la plus généralement reconnue pour le labour des jachères, il
était convenable de le regarder aussi comme le
premier de l'année rurale; d'ailleurs, pour introduire dans nos campagnes le cultivateur naissant,
il fallait les lui montrer couvertes de toute leur
parure, enflammer son courage par le spectacle
brillant qu'elles lui offrent. Déjà leur verdure,
leur beauté lui font quitter, sans regret, les villes
pour respirer un air embaumé par les fleurs des
vergers et des prairies. Tout lui semble riant,
tout lui paraît un jardin magnifique qu'il ne peut
plus quitter; il regarde avec complaisance, tantôt
l'épi qui commence à sortir de son tuyau, tantôt
cette fleur qui, en tombant, fait place à un fruit
déjà formé. Tout le charme, tout l'enchante; il
se trouve heureux de pouvoir dire, avec le

chantre de Mantoue : *Hæc mea sunt, veteres, migrate, coloni*; c'est ici ma propriété, sortez, anciens colons, qui regardiez ma métairie comme votre héritage. Aussi notre cultivateur, impatient de jouir, ne perd pas un moment; ses fourrages sont achetés, ses charrues sont prêtes, et ses chevaux n'attendent que le moment du signal. Le premier Mai arrive, et aussi-tôt il ordonne d'entrer dans les jachères.

Culture des jachères.

On appelle *jachères*, les terres qui ne sont chargées d'aucuns grains, du mot latin *jacere*, se reposer. La coutume générale est de laisser reposer la terre tous les trois ans, c'est-à-dire, de la cultiver sans y rien semer. La terre se repose donc, mais le cultivateur ne se repose pas; s'il ne confie rien à la terre, il la dispose à rapporter du grain l'année suivante. Comme la récolte dépend de la bonne ou mauvaise préparation, il emploiera bien utilement l'année de jachère, s'il met en œuvre tous les moyens de fertiliser son sol. Il sera payé avec usure de la culture de ses guérets, pourvu que, 1°. il leur donne les labours nécessaires pour les rendre plus meubles et plus susceptibles des impressions végétatives de l'atmosphère; 2°. qu'il les purifie de toutes les mauvaises herbes qui en épuisent inutilement le suc; 3°. qu'il y porte les engrais convenables ; trois moyens principaux pour bien cultiver les jachères : je vais les examiner l'un après l'autre.

Ier. MOYEN.

Labours. — Leur quantité.

Une terre est ordinairement bien cultivée avec quatre labours. Cette quantité est suffisante pour l'ameublir et la faire participer aux sels répandus dans l'air. Cette opinion est contraire à celle du Cours d'Agriculture, qui veut trois labours préparatoires, dont l'un au sortir de la moisson, le second avant l'hiver, le troisième au commencement du printems; plus, trois labours de division, qui doivent commencer deux mois avant les semences (1). Quelque respect que j'aie pour l'auteur, je ne puis être de son avis; car, 1°. il est constant que la fréquence des labours épuise la terre, si on ne répare cet épuisement par des engrais multipliés; 2°. cette division de labours supposerait un tems toujours favorable, ce qui n'arrive presque jamais, puisqu'il y a toujours deux ou trois mois nuls pour les labours; 3°. le cultivateur serait alors obligé d'avoir presque

____

(1) Jean Pictet, dans son Traité des Assolemens, page 23, réfute cette opinion de Rozier.

double attelage pour chaque charrue, ce qui coûterait beaucoup, sans qu'on en fût du tout dédommagé par le produit. Peut-on raisonnablement dire à un cultivateur qui n'a besoin que de trois chevaux par charrue : ayez-en deux de plus, afin de mieux diviser la terre? L'auteur a beau dire qu'il a l'expérience pour lui, je ne puis le croire ni ne puis imaginer que jamais on ait fait cet essai, excepté en petit, par exemple, sur une douzaine d'arpens. On me niera peut-être que les labours multipliés épuisent la terre ; cependant c'est un principe reconnu de tous ceux qui cultivent par eux-mêmes. Comme le propre des labours est d'exposer, tour-à-tour, toutes les parties de la terre aux influences atmosphériques, il est constant qu'une terre ainsi divisée rapporte d'abord davantage, mais qu'elle ne tarde pas à s'épuiser, par la raison qu'elle donne tout son suc, et que toutes les parties contribuant également à la fécondité de la plante qu'on lui confie, se trouvent aussi épuisées en même tems. Ce n'est pas que je pense comme quelques-uns, que la terre s'use, et qu'un pays qui produisait beaucoup, finisse par devenir peu fructueux; comme l'Italie, qui, après un produit considérable du tems des Romains, est présentement d'un médiocre rapport. Je serais plutôt porté à penser, avec Columelle, que la terre *ne vieillit pas, comme une vieille femme*, mais qu'elle ne produit plus autant lorsqu'elle n'est plus engraissée par les feuillages et les herbes que la charrue et la herse arrachent. Je crois donc, d'après l'avis de cet ancien, qu'il faut cultiver la terre, mais non la tourmenter, et que beaucoup de culture sans amendement ne peut réussir long-tems. Aussi j'admettrai volontiers beaucoup de labours dans une petite quantité de terres, comme, par exemple, dans celles qu'on n'aurait pu fumer ou parquer; la fréquence des labours les dédommagerait alors du défaut d'engrais, comme j'en ai fait moi-même l'expérience, en labourant un coin de terre jusques à huit fois; mais après des labours si fréquens, il ne faut pas oublier d'amener de bons engrais, pour rendre à la terre tous les sucs qu'on lui a enlevés.

Saison des labours.

Mieux vaut saison que labouraison, disait Olivier de Serres. L'essentiel est donc de donner les labours dans les tems convenables, et de les rapprocher davantage, plus on est près du moment des semences, afin que la terre soit plus fraîche et plus meuble; et voilà pourquoi je suis d'avis de ne labourer, avant le premier Mai, que les terres sur lesquelles on porte du fumier, et qu'il faut indispensablement labourer pour ne pas en perdre le suc. Pour les autres, je ne conseille pas de les labourer plutôt ; les labours et les hersages se suivant de plus près, ameubliront davantage la terre et détruiront plus aisément l'herbe.

Ordre des labours.

On doit labourer les premières les terres les plus dures, de peur que la grande chaleur ne les durcisse au point que la charrue n'y puisse entrer. Il ne faut pas s'effrayer, quand on ne pourrait pas donner un labour assez profond à cause de la sécheresse. Le premier labour est toujours bon quand il est fait par tems sec, et que la terre est bien retournée, sauf à donner au labour suivant la profondeur que mérite la qualité de la terre. Un autre motif doit déterminer l'ordre des labours, c'est le tems ; s'il est sec, qu'on laboure les terres argileuses et humides qui ne peuvent se labourer dans un autre tems ; s'il est humide, qu'on s'occupe des terres sablonneuses ou légères. Les terres grasses et naturellement fertiles doivent aussi être cultivées les premières, et on doit, au contraire, laisser reposer davantage celles qui sont maigres et de mauvaise qualité, suivant ce principe si clairement énoncé :

Qu'au fonds qui est sans humeur
Ne touche le laboureur.
Olivier de Serres.

Profondeur des labours.

L'abondance des récoltes ne dépend pas toujours de la profondeur des labours; je connais une commune où les terres produisaient très-peu il y a quelques années, et rapportent on ne peut mieux depuis qu'elles ont été marnées, quoiqu'on n'y fasse, pour ainsi dire, qu'effleurer la terre. Qu'on suive donc, en général, l'habitude du pays, et qu'on ne la contredise qu'après avoir éprouvé peu-à-peu qu'elle est mauvaise; qu'on étudie pour cela la qualité de la terre qu'on cultive. Comme, dans le même arpent, il se trouve des endroits où il faut enfoncer plus ou moins la charrue, qu'on s'informe de ces changemens de terre à son charretier, pour connaître son terrein, et en même tems réveiller son attention. Il deviendra observateur et soigneux, si son maître lui fait plusieurs questions auxquelles il sera charmé de répondre, sur-tout s'il s'apperçoit qu'il n'a pu y satisfaire faute de n'y avoir pas réfléchi, et d'avoir toujours fait de la même manière, sans savoir le *pourquoi*, et sans s'embarrasser si on pourrait faire autrement.

Il faut suivre la même méthode pour donner plus ou moins de largeur aux raies; lorsqu'on les fait petites, la terre se divise mieux, mais aussi on fait beaucoup moins d'ouvrage, et la terre est beaucoup plus sujette à se battre ; lorsqu'on fait des raies plus grandes, on avance bien davantage, mais l'herbe ne se détruit pas si bien, et la terre reste beaucoup moins meuble. Les chevaux ont aussi beaucoup plus de fatigue, et sont obligés d'aller plus doucement. Il faut donc consulter la qualité de la terre, et savoir prendre un juste milieu. Il y a des charretiers qui font des raies très-petites, comme pour ainsi dire dans un jardin potager, et d'autres qui en font d'énormes, et par conséquent retournent fort mal la terre : les deux excès sont également à éviter. Quand la terre n'est pas trop sèche, il faut prendre une raie médiocre et qui ne l'empêche pas de se bien retourner; dans les endroits où la terre est mouvante, prendre plus de raie que dans les terres à cailloux, qui sont roides de labour, et où la terre resterait sans être entamée ou divisée, si on prenait beaucoup de raie, surtout lorsqu'il fait sec.

Manière de bien labourer.

Il existe une manière de bien labourer, propre à tous les pays, à toutes les terres, à toutes les charrues; c'est, 1°. d'avoir, autant que faire se peut, deux chevaux de force égale, et qui aient le même pas et la même vivacité. Pourquoi? parce que, sans cela, il faut retenir l'un et exciter l'autre; ce qui ne va jamais bien, car il est rare que la charrue ne se dérange pas lorsqu'il faut avoir recours au fouet; 2°. avoir des chevaux qui tirent bien droit, sans se jetter l'un sur l'autre, comme il arrive quelquefois; ce qui fait que non-seulement les raies ne sont pas droites, mais que la terre est mal labourée et hachée; 3°. que le charretier maintienne toujours sa charrue pour prendre la même raie, soit en profondeur, soit en largeur; qu'il appuie néanmoins dans les endroits plus durs, qu'il soulage dans les endroits mouvans, mais que jamais il ne pèse sur la charrue, comme j'ai vu faire à quelques charretiers, qui écrasaient leurs chevaux et les fatiguaient beaucoup, sans faire pour cela de meilleur ouvrage; 4°. que le charretier soit doux pour ses chevaux; qu'il ne les maltraite pas, mais qu'il les accoutume à aller un pas égal et proportionné à la force du terrein qu'il laboure. Un bon charretier a presque toujours de bons chevaux, parce qu'il ne les fatigue pas, et cependant il sait en tirer parti. Le cheval est l'animal le plus aisé à dresser et à prendre de bonnes habitudes : des chevaux bien menés labourent tous seuls, sans jamais se détourner. J'en ai vu si accoutumés à passer des arbres, qu'ils arrêtaient à la moindre racine qu'ils rencontraient, et d'autres qui étaient tellement faits à tourner au bout de la raie, qu'il n'était pas nécessaire qu'on les en avertît; ces derniers, conduits par un charretier adroit et prompt, faisaient un ouvrage surprenant, parce qu'ils ne s'arrêtaient jamais et n'avaient pas besoin du fouet; ce qui est, je le répète, un article important pour les chevaux de charrue, qui doivent, pour ainsi dire, aller à la parole.

IIe. M O Y E N.

Destruction des mauvaises herbes.

Rarement l'herbe pousse avant le premier Mai; la terre étant, pour ainsi dire, jusque là dans une espèce de stagnation. Le peu d'herbe qu'elle pousse jusqu'à cette époque est mangé par les bestiaux, et ne peut lui nuire lorsqu'on la renfouit en tems convenable. Le moment où l'herbe fait beaucoup de ravage est en Mai, Juin, Juillet et Août, à cause de la grande végétation de la terre. C'est donc le moment intéressant pour la destruction entière de l'herbe, moment qu'on ne doit pas laisser échapper si on veut récolter:

> Le trop tarder en fait de labourage
> Est la ruine entière du ménage.
>
> *Olivier de Serres.*

Pour bien détruire l'herbe, il faut labourer les terres les plus enherbées par un tems chaud ou sec, afin que l'ardeur du soleil ou le vent fasse périr l'herbe promptement. Il n'y a que les chardons qui veulent être labourés par la pluie ; l'humidité les détruit immanquablement. Quand l'herbe est bien desséchée, il faut herser la terre pour bien séparer l'herbe des sillons, et la retourner du côté où elle est encore verte ; hersage qui doit se réitérer jusqu'à ce que l'herbe soit entièrement détruite. Si la terre devient tellement sèche que la herse de bois ne puisse y entrer, ou que vous n'ayez pas le tems de la relabourer, vous emploierez avec succès la herse de fer : si on la fait passer plusieurs fois, elle arrachera l'herbe, ameublira la terre et équivaudra presque à un labour.

III.ᵉ MOYEN.

Engrais.

La terre produirait toujours abondamment, si on pouvait lui donner les engrais nécessaires. Un des grands soins du cultivateur est donc de les multiplier le plus possible ; le plus ordinaire et le plus facile est le fumier produit par les chevaux, vaches, moutons, porcs ; on ne peut malheureusement en augmenter la quantité que peu à peu : car, si les engrais produisent de bonnes récoltes, ce sont les bonnes récoltes, à leur tour, qui produisent les pailles nécessaires pour multiplier les engrais ; et c'est ce qui rend les premières années difficiles , les récoltes manquant faute d'engrais , et les engrais étant rares à cause de la médiocrité des récoltes. Aussi est-il souvent indispensable, dans un terrein négligé de longue main , d'acheter, la première année , des pailles pour faire du fumier , et se procurer par-là des récoltes plus abondantes. Mais les pailles ne forment engrais, que lorsqu'elles ont été consommées par des bestiaux; il faut donc que le cultivateur achète une quantité de bestiaux qui soit proportionnée à la quantité de pailles qu'il a à consommer, et qu'il augmente cette quantité peu à peu, lorsque ses luzernes et sainfoins lui fourniront du fourrage , et une bonne culture beaucoup de pailles en tout genre.

Ainsi, trois choses nécessaires pour faire du fumier : des pailles en abondance, beaucoup de bestiaux, des nourritures suffisantes. Voilà, je pense, la meilleure manière de faire des engrais, la plus simple, la plus facile, celle dont les résultats sont les plus certains et les plus lucratifs , toutefois avec les précautions nécessaires. Il faut d'abord avoir soin que le fumier soit suffisamment pourri, à moins qu'on ne le mette dans des terres à cailloux, où le fumier blanc réussit beaucoup mieux, parce qu'il tient ces terres légères. Il faut cependant ne pas laisser trop pourrir le fumier, parce qu'alors il perdrait beaucoup en quantité. On en met ordinairement dix voitures à quatre chevaux par arpent ; il vaut mieux en mettre moins et fumer plus de terre, parce que quatre arpens d'une récolte médiocre valent toujours mieux que deux arpens où l'on récolte beaucoup, et deux autres qui produisent peu parce que la terre manque d'amendement. D'ailleurs, la trop grande quantité de fumier fait quelquefois verser le blé, et produit d'autres fois une si grande quantité d'herbe, qu'elle étouffe même le blé. *Fumer peu et souvent*, c'est le sentiment de Columelle et de Palladius. *Licet majorem fructum percipere si frequenti et modica stercoratione terra refoveatur* (dit le premier). *Nec prodest nimiùm stercorare uno tempore, sed frequenter et modicè.* (Pall.) Je ne parle pas de cette opinion de Columelle, qu'on fait mourir l'herbe en fumant au déclin de la lune. J'avoue que je ne crois pas à ces préjugés ; et j'aime mieux dire avec Olivier :

> L'homme étant trop lunier,
> De fruits ne remplit son panier.

De la marne.

Il est un engrais bien utile pour certaines terres ; c'est la marne, qui est une pierre blanche qu'on trouve au fond de la terre, à une distance plus ou moins profonde : elle est nécessaire aux terres qui sont froides et gardent l'eau, à celles qui sont fortes de labour et ne peuvent se diviser. Il én faut mettre cependant modérément, parce qu'elle rendrait la terre trop légère et la dénaturerait. Après avoir marné, il faut tout de suite bien fumer, et renfouir la marne et le fumier tout ensemble. Le fumier doit être plus abondant qu'à l'ordinaire, bien pourri, et au moins à la quantité de douze voitures par arpent (1).

Différens engrais.

Un excellent engrais à mettre sur les terres, est le fumier de poules, pigeons et dindons, connu sous le nom général de *poulinée*. On la sème, par un tems un peu humide, à la fin d'Avril, sur les orges et avoines, et presque jamais sur le blé, parce que cette sorte d'engrais fait pousser des grains d'orge et d'avoine que les volailles rendent quelquefois tout entiers. Il y a encore plusieurs autres espèces d'engrais, comme les boues de rue, de marre ou d'étang, les démolitions de maisons, etc. Je ne parle pas du mélange des terres, cela exige des dépenses trop excessives.

____

(1) Nous reparlerons de la marne plus en détail au mois de Septembre.

Endroits où il faut conduire les engrais.

Il faut d'abord conduire les engrais dans les terres les plus maigres et les plus humides. *Ager aquosus plus stercoris, siccus verò minus requirit.* Si l'on a des terres douces et des terres à cailloux, il faut fumer d'abord celles qui n'ont pas de cailloux (que j'appelle *douces*), parce que le fumier est bien plus long-tems à s'y consommer que dans les cailloux, où il se pourrit en peu de tems. Le mieux est de mener les fumiers sur les jachères avant de les labourer : 1°. pour que le fumier ait plus de tems pour se consommer; 2°. pour tenir la terre plus légère et plus meuble. Cependant, comme on ne peut pas mener tous les fumiers au premier labour, il faut absolument en mener au deuxième et même au troisième, plutôt que de le laisser un an dans la cour, comme on fait dans certains pays; et cela contre l'avis de Columelle, qui pense que le fumier doit être employé dans l'année, et que celui qui est trop vieux n'a pas de qualité. Il est cependant des endroits où l'on est obligé de ne le charrier qu'une fois l'année ; ce sont ceux où la terre est assez forte et assez chaude, les engrais assez bons et assez abondans pour ne pas faire de jachères : alors il faut absolument les charrier tout de suite, en une seule fois, sur les terres qu'on veut semer en blé. Quelques cultivateurs ont la coutume de fumer en Mars, pour préserver d'herbe leurs blés ; mais je ne conseille pas de faire souvent usage de cette méthode ; car, d'abord, dans les années sèches, le fumier, sur - tout lorsqu'il est mis après l'hiver, brûle les graines qu'on y sème, comme je l'ai vu arriver deux années de suite. De plus, il est constant que l'avoine, et sur-tout l'orge, consomment une partie du fumier, et que ce qui peut lui rester de sel et de suc s'évapore pendant l'année des jachères.

Lorsqu'on aura mené le fumier sur les terres, il faut le faire épandre bien également, mais jamais pendant la gelée, de peur qu'il ne se perde dans les dégels. Quand il peut tomber dessus le fumier épandu une pluie modérée, il entre plus aisément dans la terre et se renfouit mieux. L'hiver on peut le laisser épandu tant qu'on veut ; il n'en est pas de même du printems et de l'été ; il est bon alors de ne pas le charrier, et sur-tout de ne pas l'épandre long-tems d'avance, de peur que le soleil ne le mange et n'en ôte les sels ; suivant cet avis de Palladius, *ne stercora exsicata nihil prosint.* Quand on renfouit le fumier, il faut avoir soin que le charretier le renferme bien dans la raie, et qu'il pousse, avec son pied ou un bâton, celui qui pourrait rester sur terre, et qui alors ne se consommerait pas.

Semences de Mai.

Comme tous les mars doivent être semés avant le commencement de Mai, on ne doit s'occuper que des menues graines, comme trèfle, luzerne, sainfoin, etc. Commençons par le trèfle :

Semences de trèfle.

Les premiers jours de Mai, on doit semer les trèfles dans les blés et dans les avoines, à la quantité de vingt livres à l'arpent; on le sème dans les avoines, avant de les ploutrer, et quand la terre a encore un peu d'humidité, afin que les mottes venant à se briser, recouvrent la graine de trèfle et la fassent fructifier. Il ne faut pas non plus que la terre soit trop humide, ni semée par un tems de pluie, parce qu'alors la graine pourrit en terre et ne lève pas. C'est donc à la sagesse du cultivateur à choisir le tems convenable, et à prendre le juste milieu entre une grande sécheresse et une grande humidité. On sème presque toujours, avec succès, du trèfle dans l'orge, suivant la méthode que nous indiquerons en Avril. Celui qu'on sème dans l'avoine, a quelquefois l'inconvénient de rencontrer une terre trop dure ou trop sèche. Celui qu'on sème dans le blé réussit assez bien, et a l'avantage de rester deux années; mais aussi le blé vient souvent moins fort, et il y a du désavantage à occuper, par du trèfle, des terres qui pourraient rapporter de l'avoine, des pois et autres grains; d'autant plus que souvent, la seconde année, le vieux trèfle périt et s'enherbe. Le trèfle aime une terre grasse et humide; il faut donc lui choisir un terrein convenable. J'ai éprouvé qu'il se plaisait beaucoup à l'abri du vent et de la gelée.

Semences de sainfoin.

Le sainfoin doit être semé au commencement de Mai, au plus tard, dans une terre bien préparée, bien hersée, et où on ait détruit l'herbe, autant que faire se peut. La quantité de semence est d'un setier par arpent. Quelques cultivateurs fument avant que de semer le sainfoin; je n'adopte pas du tout cette méthode : le sainfoin vient, il est vrai, plus fort, mais aussi il est plus sujet à se jetter en herbe. Qu'on ne le sème pas cependant dans une terre fatiguée de rapporter, mais dans une terre fumée avant le blé, labourée avant l'hiver, et deux fois depuis, pour détruire entièrement l'herbe. Pour entretenir la fraîcheur de la terre, il est bon d'y semer quelque chose avant le sainfoin, comme de l'avoine ou de l'orge, mais seulement un quart de semence. Je conseillerais plutôt l'avoine, parce qu'elle fatigue moins la terre : cette semence doit être jettée sur un labour qui soit nouvellement fait, c'est-à-dire, de vingt-quatre heures au plus, et qu'on ait réduit en poussière avec la herse et le rouleau; on herse et on ploutre par-dessus le grain, après quoi on sème le sainfoin, qu'on herse et qu'on ploutre aussi, de manière que la terre se trouve brisée en petites molécules et bien tassée, pour conserver son humidité le plus long-tems possible.

Semences de luzerne.

Il y a deux manières de semer la luzerne; la première, de la semer dans les premiers jours de Mai, avec quelques graines, comme avoine, orge, camomille, quarantain; la seconde, de la semer toute seule au commencement de Juin. Dans la première manière, on suit absolument les procédés indiqués pour le sainfoin; dans la seconde, on se contente de bien préparer et ameublir la terre, après quoi on sème la luzerne, qu'on herse et qu'on ploutre jusqu'à ce qu'il n'y ait plus de mottes. Chacune de ces méthodes, que j'ai successivement employées, a ses avantages et ses inconvéniens qu'il faut exposer : la première est beaucoup plus certaine, et, pour ainsi dire, infaillible; la luzerne ne manquant presque jamais lorsqu'elle est protégée par un grain quelconque, qui, tout à la fois, empêche l'herbe de l'étouffer

et la préserve des grandes sécheresses : la seconde
exige plus de préparation pour détruire entièrement l'herbe, et procurer à la terre une humidité
et une fraîcheur qui puissent la garantir contre les
chaleurs de l'été. Si on est assez heureux pour
obtenir ces deux avantages, et que la saison ne
devienne pas trop sèche ou trop pluvieuse, le
semis de luzerne fait des progrès rapides et sur-
prenans ; mais si l'herbe vient à dominer, ou
que d'excessives chaleurs empêchent la végétation et brûlent le sol, alors la graine languit, et
souvent même périt. Selon la première méthode,
la luzerne ne se récolte que l'année d'après, le
grain qu'on y mêle l'empêchant de s'élever ; dans
la seconde, on a la satisfaction, lorsqu'elle réussit,
de faire une petite coupe la première année.
Lorsqu'on mêle la luzerne à un autre grain, sur-
tout à la camomille et au quarantain, qui dégrais-
sent beaucoup la terre, elle n'est jamais si touffue
d'abord, parce qu'elle ne peut s'étendre beaucoup,
à cause du grain qu'on y a mêlé, et avec lequel
elle est obligée de partager les sucs du sol. Les
années suivantes elle s'étend davantage et forme
du pied ; aussi arrive-t-il souvent que l'herbe
s'empare des places vides, et qu'avec toutes les
précautions possibles, elle domine la luzerne, au
moins en partie. Dans la seconde, au contraire,
où l'on sème la luzerne toute seule, elle pousse

tout de suite avec abondance, lorsque le tems est favorable, et ne laisse aucune place à l'herbe qu'elle étouffe et détruit. Selon le premier procédé, la luzerne s'élève fort haut dès la seconde année, et prend beaucoup de pied, ayant de la place pour s'étendre; mais aussi elle forme de grosses tiges et elle dure moins, parce qu'elle contient réellement moins de pieds, et exige, dès la seconde coupe, la herse de fer (1). Selon le second procédé, la coupe de la seconde année n'est pas très-haute ni très-abondante, parce que la luzerne étant touffue ne peut s'élever fort haut; mais aussi elle forme un fourrage extrêmement délicat, parce qu'il ne se trouve que des fanes et un tuyau très-mince et très-tendre : elle résiste aussi beaucoup plus de tems, et n'appelle la herse de fer qu'au bout de quelques années.

D'après l'exposé des deux procédés différens pour semer la luzerne, on sera, j'espère, en état de juger celui qui sera le plus propre à la terre qu'on a à semer. La première méthode convient plus à des sols secs ou caillouteux, dans lesquels le semis serait consumé par la chaleur, qui agit toujours plus puissamment sur cette espèce de terre; la seconde s'emploiera avantageusement

____

(1) *Voyez* au mois d'Avril, à l'article *Luzerne*, l'usage de la herse de fer pour les luzernes.

dans des terres qui ont du fond, et qui par conséquent conservent plus aisément leur humidité. Qu'on ait soin, dans la première méthode, de semer le grain qui doit accompagner la luzerne, assez tôt pour qu'il mûrisse et qu'on en retire un profit qui dédommage des frais de semences; dans la seconde, qu'on fasse arracher ou sarcler l'herbe, si elle vient à se présenter avec une abondance qui ferait craindre pour la luzerne. Le meilleur moyen de se garantir de l'herbe serait de semer la luzerne sur une jachère complète et destinée à recevoir du blé; mais c'est une récolte de moins, et là-dessus je n'ose donner de conseil.

Un avis important pour ceux qui sèment la luzerne, quelque parti qu'ils choisissent, c'est de ne jamais se décourager, quand ils ne verront paraître que très-peu de plantes de luzerne; cette graine se conserve long-tems en terre, et germe au bout d'un tems considérable, si elle n'a pu lever à cause de la sécheresse, ou parce que la terre avait été trop battue par des orages considérables; de plus, la luzerne tale beaucoup et s'étend d'une manière étonnante, lorsqu'elle elle cultivée avec soin et nettoyée d'herbes. J'ai vu une pièce de luzerne frappée de la grêle, et dont on désespérait, reprendre l'année d'ensuite et devenir encore assez bonne.

Choix de graines.

Je ne puis quitter cet article sans recommander qu'on choisisse, avec grand soin, les graines de sainfoin, luzerne et trèfle. Les plus chères sont toujours les meilleurs marchés, parce que les inférieures, qu'on a à bas prix, manquent souvent et rendent inutiles les frais de culture. Qu'on choisisse donc une graine bien nette d'herbe, bien ronde, qui n'ait pas reçu d'eau, et qui soit surtout bien mûre; car on ne peut jamais rien attendre d'une semence qui n'est pas à son degré de maturité.

Quarantain.

Je conseille de pourvoir à la provision d'huile en destinant au quarantain (autrement navette d'été) un petit coin de terre d'environ un arpent, et à proximité de la maison. Il serait bon que ce fût un endroit séparé et toujours le même, qu'on aurait soin tous les ans de bien fumer et cultiver pour cet usage; et cela pour deux raisons : afin de ne pas envoyer, dans les terres voisines, cette graine qui vole fort loin, et dont il faut très-peu pour former plusieurs tiges; afin aussi de ne pas infester plusieurs endroits d'une graine qui épuise la terre, et repousse quelquefois abondamment dans les graines qui lui succèdent. Le quarantain ne doit pas être semé avant le 10 Mai, de manière qu'il fleurisse vers le 20 Juin ; ce qui forme quarante jours jusqu'à sa floraison, et lui a fait donner le nom de *quarantain*. La terre doit être labourée de bonne heure et rendue bien meuble par le moyen des hersages ; lorsqu'elle sera bien préparée, on pourra, pour la féconder, y jetter des poulinées, comme je l'ai toujours pratiqué avec succès ; ces poulinées sont ensuite recouvertes par un léger labour, suivi d'un hersage et d'un ploutrage, qu'on réitère jusqu'à ce que la terre soit la plus menue possible : on sème ensuite le quarantain, à la quantité d'une pinte pour un arpent ; plus cette graine est semée clair, plus elle devient belle, haute et *cossue*.

B E S T I A U X.

Vaches.

Vers la mi-Mai la luzerne est assez forte ordinairement pour en donner aux vaches ; il faut donc, à cette époque, les mettre tout-à-fait au vert, leur faire faucher de la luzerne, et les mettre matin et soir dans un pré pour y pâturer. Rien ne fait tant de bien aux vaches que le pâturage, rien ne contribue tant à leur bonne santé. Il faut avoir soin de ne pas faucher la luzerne à la rosée ou quand il a plu, de peur de leur donner des coliques ; par conséquent, quand il fait beau, on ferait bien d'en faucher pour deux ou trois jours, en ayant attention seulement de délier la luzerne et de l'étendre dans des endroits frais, de peur qu'elle ne s'échauffe.

Soin des veaux.

Dans quelques pays, on laisse le veau avec la mère, mais c'est un usage qui me paraît avoir beaucoup d'inconvéniens ; d'abord l'animal, accoutumé à téter sa mère, ne peut plus la quitter lorsqu'on veut le sévrer, au bout de six semaines, pour profiter du lait, et ne peut plus s'accoutumer à boire un lait étranger mêlé avec de l'eau tiède. D'un autre côté, si on veut l'engraisser, le lait de sa mère ne lui suffit pas, et cependant on ne peut aisément lui en donner d'autre. La meilleure méthode est donc d'éloigner le veau de sa mère aussi-tôt sa naissance, et de le nourrir suivant l'usage auquel on le destine. Dans les pays où l'on ne se sert pas de bœufs, on n'élève que les génisses dont la structure et la force font espérer qu'elles seront un jour bonnes laitières ; alors on ne leur donne que pendant trois semaines le lait de leur mère, tout chaud, et on le coupe ensuite avec de l'eau tiède, en augmentant peu-à-peu la quantité de l'eau, jusqu'à ce que la bête soit en état de manger du fourrage, ce qui arrive entre deux ou trois mois. Ceux qu'on destine au boucher sont nourris avec plus ou moins de soin suivant la localité. Dans les pays renommés pour le beurre ou le fromage, on ne nourrit le veau que huit jours, pour profiter plus promptement d'un lait dont on tire tant de profit. Dans ceux où l'on fait des veaux pour la capitale, on les nourrit deux ou trois mois, en leur donnant du lait chaud en aussi grande quantité qu'exige leur appétit, et en y mêlant même des jaunes d'œuf, pour leur donner une substance plus forte et plus délicate. Dans les pays, au contraire, trop éloignés de la capitale ou des grandes villes, pour faire des veaux gras, on ne nourrit jamais un veau plus de six semaines, en lui donnant, les trois premières semaines, le lait de sa mère, et les trois dernières, celui de deux vaches.

Maladies des veaux.

Les veaux sont sujets à deux maladies opposées, le flux de ventre et la constipation. Pour le premier mal, prenez une pinte de lait récemment tirée ; faites-y bouillir une poignée de mauve ; passez le tout à travers un linge ; mêlez-y deux gros de réglisse, deux gros de graine d'anis, une once de thériaque, une once de beurre frais ; mêlez le tout ensemble, et donnez cette potion en deux fois, matin et soir. Pour la constipation, prenez de la rue, de la petite centaurée, de l'éclaire, chacun une poignée; faites-les bouillir dans cinq pintes d'eau, pendant un quart-d'heure, avec trois litrons d'orge; pressez les herbes, et ajoutez-y quatre onces de fleurs de soufre et de garance, deux onces de graines d'anis, deux onces de réglisse; mêlez le tout ensemble; faites-en cinq parties pour cinq veaux, qui cesseront alors d'être resserrés (1). On prétend aussi que deux ou trois doses d'éther vitriolique, mêlés dans du vin, arrêtent le dévoiement des veaux. Je renvoie, pour ce détail, à la Feuille du Cultivateur du 26 Mai 1792.

Moutons.

Les moutons doivent alors recevoir une nourriture meilleure et plus abondante, afin de pousser plus de suint, et d'avoir des toisons plus lourdes. Ordinairement on les tond vers la mi-Mai, afin que leur laine soit un peu poussée quand on les mettra au parc. Il faut choisir un tems chaud pour les tondre; car on sent quelle différence ce doit être pour eux d'être sans habit. Aussi faut-il prendre garde à les faire sortir lorsqu'il fait froid, de peur qu'ils ne périssent, ou qu'ils ne gagnent des maladies. Certaines personnes reculent la tonte

---

(1) Ces deux remèdes sont tirés du Guide du Fermier.

de leurs bêtes, afin que les toisons soient plus lourdes. Ils gagnent sur le poids de leur laine, mais ils perdent sur la qualité de leurs moutons, qui dépérissent quand ils ont dans les chaleurs une laine accablante, et souffrent beaucoup au parc, quand ils y vont étant nouvellement tondus. Il y a aussi des gens qu'un vil intérêt mène encore plus loin : ils tiennent, les quinze derniers jours, leurs moutons dans une étable très-chaude dont ils ne les font sortir que quelques instans. Cela est on ne peut pas plus malsain pour les moutons, et peut leur occasionner plusieurs accidens.

Maladies des moutons.

L'art du cultivateur consiste plus à prévenir les maladies qu'à les guérir. Les accidens des animaux viennent presque toujours de la faute du propriétaire ; j'en excepte pourtant les épidémies qu'on ne peut ni prévenir ni éviter ; mais hors ce cas, qui heureusement est rare, il est très-facile d'éviter aux bêtes à laine un grand nombre d'incommodités. Leurs causes les plus ordinaires sont, 1°. l'ignorance des bergers, qui les mènent dans des pâturages malsains ou trop humides, fatiguent le troupeau par de longues courses, ou le harcèlent continuellemenr avec leurs chiens ; 2°. la cupidité de ces mêmes bergers, qui s'obstinent à parquer dans des tems pluvieux ou humides, ou à laisser leur troupeau exposé à l'ardeur du soleil pendant la plus grande chaleur du jour ; 3°. le peu d'attention du propriétaire à n'acheter que des bêtes bien saines, afin qu'elles n'infectent pas le troupeau ; 4°. l'insouciance de ceux qui renferment leurs bêtes dans des endroits peu spacieux et peu aérés, et ne tiennent pas la main à ce qu'on en enlève souvent le fumier. Qu'on évite toutes ces causes de maladies, et rarement on sera obligé de recourir aux remèdes. Je vais en indiquer pour les maladies les plus communes, telles que la gale, le claveau, le tournoiement. On ne me saura pas mauvais gré, j'espère, d'avoir encore pris ces remèdes dans le Guide du Fermier : le mérite de l'auteur (Arthur Young) m'a porté à lui donner la préférence.

La gale, qui est le produit d'un mauvais pâturage, d'une trop grande humidité ou d'une chaleur excessive, se découvre lorsque le mouton frotte la partie incommodée contre tout ce qu'il rencontre. On le tond dans l'endroit infecté, on le lave ensuite avec un peu d'alun ; et lorsqu'on l'a épongé, on le frotte avec de l'onguent fait avec une demi-livre de lard non salé et une demi-livre de beurre frais. Comme cette maladie se communique, il faut séparer l'animal qui en est atteint, et jetter un peu de sel sur son fourrage. Virgile conseille un onguent fait avec du vif-argent, de la résine , du bithume noir et du marc d'olive. Si le mal résiste , il veut que

> L'acier sagement rigoureux
> S'ouvre au fond de l'ulcère un chemin douloureux.
> *Trad. des Georg. liv. III.*

Le Claveau.

Cette maladie se signale par de petits boutons de couleur rouge ou pourprée qui percent la peau. Séparez sur-le-champ du troupeau les moutons qui en sont infectés , lavez les pustules avec une décoction de trois onces de feuilles de romarin bouilli dans une chopine de fort vinaigre (1).

Le tournis ou *tournoiement.*

Cet accident n'arrive guère que dans les grandes chaleurs et aux agneaux qui , étant plus délicats , en sont plus susceptibles. Les bêtes qui en sont frappées , ne font que tourner et sauter sans songer à manger. Cette maladie , qui est presque toujours un épanchement dans le cerveau, se guérirait si on savait appliquer le trépan à l'endroit convenable ; mais c'est trop demander aux habitans des campagnes , et le remède le plus sûr est

---

(1) Ceux qui desireront des détails plus étendus , pourront consulter ce qu'en dit le savant Gilbert , dans une instruction imprimée chez A.-J. Marchant.

de saigner promptement l'animal à la veine sous l'œil, ou à la veine qui est sur le nez : cela ne dispense pas, pour tirer plus de sang, de lui couper les deux oreilles par le milieu. Il faut après cela le ramener à la maison et lui faire manger des bettes sauvages (1).

Vente et acquisition de moutons.

Le mois de Mai est une époque assez favorable pour renouveller ses moutons. Il est bon alors de vendre les vieux ; et comme ils se vendent toujours plus cher que les autres, d'en acheter une plus grande quantité de jeunes, qu'on met au parc, et dont on vend, avant l'hiver, ceux dont on n'a pas besoin, plus cher qu'ils n'ont coûté, et sans qu'ils aient rien dépensé. Quant aux vieux, il ne faut pas attendre, pour s'en défaire, qu'ils aient tout poussé, car on les vend alors moins avantageusement, parce que l'acquéreur craint de ne pouvoir gagner dessus. Le moment auquel les moutons engraissent plus aisément, est entre six et huit dents : c'est donc là le tems de s'en défaire, pour acheter des antenois. Qu'on choisisse,

---

(1) Cette maladie a une autre cause, si l'on en croit un savant cultivateur : c'est un ver qui se forme dans le cerveau, et dont l'animal se trouve promptement débarrassé, en avalant une décoction d'absynthe.

le plus qu'on pourra , de belles espèces : il vaut mieux payer un mouton trente sous de plus , que d'acheter une bête petite qui suffit pour défigurer un beau troupeau.

Ploutrer les avoines.

Dans les premiers jours de Mai, il faut ploutrer les avoines, c'est-à-dire, renverser la herse et applanir avec le dos les mottes, afin que l'avoine profite mieux. Il faut pour cela que la terre ne soit ni trop humide, ni trop sèche ; pas trop humide, pour que l'avoine ne soit pas arrachée par la herse ; pas trop sèche, pour que les mottes puissent se briser et chausser, comme l'on dit, l'avoine. Si les mottes ne se brisaient pas, il faudrait mettre un traînoir sur la herse pour mieux les écraser.

SOINS DE LA MÉNAGÈRE.

Volailles.

On trouvera aux mois de Mars et Avril, la manière d'élever et de faire couver les volailles, comme dindons, oies, canards, poulets : si les couvées n'ont pas été abondantes dans ces deux mois, qu'on les continue encore en Mai, qui est le dernier mois où je conseille de faire couver, parce que les petits qui viennent si tard restent toujours faibles, n'étant pas assez avancés lorsque les froids et les pluies d'automne arrivent.

Éducation des dindons.

Quand les dindons sont éclos, on les nourrit avec des orties et des jaunes d'œuf les quinze premiers jours; au bout de ce tems, on diminue peu à peu les œufs, jusques à six semaines, époque à laquelle on leur retranche entièrement cette nourriture. Il est d'expérience qu'une trop grande quantité les échauffe et les fait devenir tortus et bancals. Il faut avoir soin de ne pas laisser les petits dindons à la grande chaleur ni au grand froid; ces deux contraires leur sont également nuisibles. On regarde le piaulement des dindon-naux, comme une marque qu'ils viennent bien; dans le fait, ceux qui sont faibles crient infiniment moins que les autres. Qu'on leur pardonne donc leur piaulement insupportable, puisque chez eux c'es un signe de santé.

Laiterie.

L'occupation la plus intéressante de la maî-tresse de la maison, c'est la laiterie; les vaches donnant beaucoup dès qu'elles sont au vert, elle a le plus grand intérêt à surveiller tout ce qui re-garde le lait, le beurre et le fromage. La propreté, l'arrangement et l'exactitude sont sur-tout nécessaires pour réussir dans cette partie; ici les plus petits détails ne sont pas à négliger : il y en a qui croient que leurs soins ne doivent commencer que lorsque le lait est dans la laiterie; il est cependant essentiel de veiller de quelle manière on le trait et on le transporte.

La première précaution c'est de tenir très-propres les seaux de bois qui servent à la traite, de les laver à l'eau bouillante dès qu'ils ont servi, et de les serrer de manière qu'ils ne puissent servir à d'autres usages, sous quelque prétexte que ce soit. Le premier ouvrage des servantes, après leur lever, doit être de nettoyer leurs mains pour traire les vaches, de porter ensuite de l'eau tiède dans la vacherie pour bien laver le pis et les trayons, autrement le lait est plein d'ordures et de saletés : cette première occupation faite, elles prendront un petit escabeau pour s'asseoir, et trairont chaque vache jusqu'à ce qu'elles en aient exprimé tout le lait. A mesure que leur seau sera plein aux deux tiers, elles verseront le lait dans une grande cuvette garnie d'un couvercle qui la défende de toute ordure, ainsi que de l'approche des chats; il faut sur-tout ne pas mêler dans cette cuvette, destinée à porter toute la *donne*, le lait de mauvaise qualité.

Le lait d'une vache malade ou nouvellement

vélée, n'est pas si bon et doit être mis à part, pour ne pas gâter l'autre, et on peut en faire des fromages pour être mangés tout de suite. Le bon lait doit avoir le saveur douce, la consistance pas trop épaisse, ni trop claire, et telle qu'une goutte de lait, mise sur l'ongle, n'en coule point (1).

Gouvernement du lait.

Le lait rendu à la laiterie, on puise avec un plateau de bois dans la cuvette, et on le verse dans chaque terrine, en le passant au travers d'un tamis fait exprès, dit *couloir.* La plus grande propreté est essentielle pour toutes ces terrines, qu'on arrange sur un terrinier ou chantier à plusieurs étages, chacune en leur ordre, en commençant par le bas; ce qui vaut infiniment mieux que de laisser les terrines sur le sol de la laiterie. Tous les matins on visite les terrines pour écrêmer le lait; afin de connaître bien le moment où la crême est à son point, il faut y passer légèrement le bout du doigt sur la superficie : s'il ne tient rien au doigt, la crême a acquis sa consistance. On prend alors toutes les terrines parvenues à cet état, on les incline doucement au-dessus du vaisseau dans

---

(1) Les détails sur la laiterie sont extraits de la Bonne Fermière et du Guide du Fermier, dont j'ai choisi les endroits les plus instructifs.

lequel on veut recevoir le petit-lait, en empêchant, au moyen des deux pouces qu'on tient sur
le bord de la terrine, que la crême ne s'en échappe
avec le petit-lait; la crême ainsi enlevée de dessus
le lait, on la met dans un vaisseau de terre ver-
nissé jusqu'au jour où on doit battre le beurre.

Beurre.

Douze pintes de lait font à-peu-près deux livres
de beurre; l'on saura, d'après cela, la quantité de
beurre qu'on peut faire par semaine. Pour avoir
du beurre agréable à manger, il faut prendre de
la crême douce et nouvelle; mais il n'est pas de
garde lorsqu'on laisse aigrir la crême, au lieu
qu'il se garde long-tems avec les précautions nécessaires en le battant. Le beurre n'étant autre
chose que le résultat de la séparation des parties
huileuses et aqueuses de la crême, doit être battu
d'une manière uniforme et modérée; uniforme,
parce que si on cessait de battre, les parties huileuses et aqueuses se réuniraient; modérée, parce
que le beurre qui provient d'une crême battue
trop promptement fermente et prend un mauvais
goût. En été, il faut absolument battre le
beurre de grand matin et à la fraîcheur, parce
que la chaleur empêche le beurre de se séparer de
la crême. Si une demi-heure après qu'on a commencé à battre, le beurre ne venait pas, on n'a

qu'à mettre dans la baratte du lait tout chaud venant du pis de la vache, ou bien on fait bouillir de l'eau nette, qu'on met avec la crême, observant que l'eau ne soit pas trop chaude. Si c'est par trop de chaleur que le beurre ne vient pas, il faut rafraîchir le battoir dans l'eau froide.

Quand le beurre est tout venu, ce qu'on reconnaît quand il est bien en grain, et que le lait-de-beurre, devenu clair, ne s'attache plus du tout au couvercle de la baratte, on le ramasse tout ensemble dans une cuvette, pour en extraire le lait-de-beurre et l'eau, le laver dans de l'eau fraîche éclaircie plusieurs fois, et le pétrir jusqu'à ce que l'eau qui en sort soit aussi claire et aussi limpide que quand on l'a prise; plus le beurre sera foulé et retouché, plus il acquerra de qualité, sur-tout pour là garde.

Manière de conserver le beurre pour l'hiver.

Ce n'est pas assez que de savoir faire de bon beurre, il faut encore savoir le conserver pour l'hiver. Le meilleur pour cet usage est celui qui se fait pendant que les vaches se nourrissent de la seconde herbe. Quand le beurre, en été, se trouve trop mou, on le raffermit en le descendant pendant vingt-quatre heures dans un puits, à peu de distance de l'eau; il prend alors la consistance dont il a besoin : cela n'empêche pas de le saler

8 *

à la quantité d'une livre de sel pour douze livres
de beurre. La meilleure façon de le saler est de le
pétrir avec le sel : on se contente quelquefois de
le couvrir d'une forte saumure, à deux pouces de
hauteur ; mais la saumure ne pouvant pénétrer
par-tout, le beurre coure risque de se gâter. Quand
le beurre est ainsi salé, on le met dans de grands
pots de grès, qu'on a soin de placer dans des endroits frais, pour qu'il se conserve.

Fromage.

Pour faire du fromage, il faut se pourvoir
d'abord d'une bonne présure, qui n'est autre
chose que la panse du veau, autrement dite *poche*
ou *mulette*, qu'on remplit de lait caillé. Pour que
la présure soit bonne, il faut que le veau ait
cinq ou six semaines, et qu'on le fasse bien boire
trois ou quatre heures avant de le tuer, afin que
le lait caille dans son estomac. Aussi-tôt qu'on a
cette mulette, on en ôte le lait caillé, on le lave
ainsi que la mulette qu'on essuie ; on sale le
caillé, et cette même mulette, en dedans et en dehors ; on y remet alors le lait caillé et en laisse le
tout dans le sel pendant trois ou quatre jours,
après quoi on la suspend pour la faire sécher. Je
ne parlerai pas de toutes les diverses espèces de
fromages qui se multiplient à l'infini : chaque
pays a ses usages que le sol et la localité déter-

minent. Quant au fromage commun, la manipulation n'est pas difficile; lorsqu'on n'en fait que pour la maison, on prend seulement du lait écrêmé qu'on mêle dans un peu de présure, et qu'on met ensuite dans un caseret, lorsqu'il est caillé, pour le laisser égoutter : les mêmes fromages se salent pour l'hiver, et se mettent sur une claie où ils se conservent jusqu'au moment qu'on en a besoin.

Poiriers et pommiers en fleurs.

Les poiriers fleurissent beaucoup avant les pommiers, mais aussi craignent-ils davantage la gelée, et y sont-ils plus sujets, parce qu'ils sont plus avancés : les pommiers fleurissent plus tard et craignent moins la gelée et le froid; ce qu'ils redoutent le plus, ce sont les brouillards qui resserrent la fleur, l'empêchent de s'épanouir, et y forment un ver qui en mange l'étamine. On sera sûr d'avoir beaucoup de pommes, lorsque les fleurs s'épanouiront bien et que les arbres *neigeront*, c'est-à-dire qu'ils seront bien blancs et que le dessous de l'arbre sera couvert des fleurs qui tomberont; si, au contraire, on ne voit pas les arbres blancs comme neige, et les fleurs couvrir la terre, il n'y aura pas de fruits ou au moins très-peu.

Je ne parle pas des vignes, parce que j'aime mieux me taire que de parler de ce que je n'ai point vu ou pratiqué.

MOIS DE JUIN.

Vois-tu ce laboureur constant dans ses travaux
Traverser des sillons par des sillons nouveaux ?
Delille , l. I.

DANS ce mois tout sourit au cultivateur; les luzernes et sainfoins remplissent ses greniers ; ses seigles jaunissent, ses blés, déjà épiés, fleurissent et grandissent à vue d'œil; les fruits commencent à paraître; tout croît, tout fait chaque jour d'étonnans progrès. Voilà donc le moment de ses plus grandes jouissances : et peut-il être plus satisfait, plus ravi, que lorsqu'il parcoure ses champs couverts de grains de toute espèce? Cette abondante récolte, dont il s'enorgueillit, ne lui appartient encore qu'en espérance; et voilà précisément, selon moi, ce qui rend sa joie plus douce, plus parfaite : son bonheur n'est qu'idéal, mais aussi n'est-il troublé par aucun revers. Il peut craindre l'intempérie des saisons, mais la joie l'emporte toujours sur la crainte ; et la satisfaction de voir chaque jour accroître ses richesses, ne laisse presque aucune place dans son cœur aux mouvemèns contraires.

Culture des terres.

Labourer, telle elle l'occupation de tous les mois; à peine a-t-on fini d'un côté, qu'il faut recommencer de l'aütre; jamais on n'est en repos: la première façon est finie, il faut en donner promptement une seconde. Les terres faites les premières, sur-tout avant les semences de Mars, verdissent et s'épuisent en herbe; qu'on y mette donc promptement la charrue, mais qu'auparavant on herse bien la terre, pour la rendre plus facile à labourer et faire périr l'herbe : si la terre est trop dure pour que la herse de bois puisse y entrer, qu'on prenne celle de fer, et à cet égard il est bon de se ressouvenir de l'avis que je vais donner. Quelquefois, aussi-tôt les semences de Mars, les terres labourées de bonne heure verdissent au point qu'il faudrait absolument les labourer; d'un autre côté, il y a encore beaucoup de terres à jachères qui pressent beaucoup, parce qu'elles se durcissent et poussent de l'herbe. Le seul remède est de herser les premières avec la herse de fer; pour cela il ne faut pas attendre que la terre soit trop sèche pour qu'elle y puisse entrer; il faut seulement choisir un beau soleil qui brûle l'herbe que la herse de fer arrachera : ainsi, pour bien faire, il faudrait que cette opération fût faite deux ou trois jours après la pluie, afin que la terre fût plus mouvante, et

cependant par un beau tems, pour consommer la
mauvaise herbe qui l'infeste. L'avis que je donne
ici doit se pratiquer toute l'année, quand on est
trop pressé pour labourer des terres déjà vertes :
un hersage avec la herse de fer, fait à propos,
vaut un labour. Que le cultivateur ne s'alarme
donc pas s'il ne peut pas donner toutes les façons
en tems convenable ; qu'il ait recours à la herse
de fer, et qu'il l'emploie à propos : c'est un meuble bien précieux qu'une herse de fer, et je ne
conçois pas comment il se trouve des cultivateurs
assez ignares pour s'imaginer pouvoir s'en passer,
sur-tout dans les terres argileuses et caillouteuses.

Second labour.

Juin est donc l'époque du second labour des
jachères ; c'est ce qu'on appelle *biner*. Ce labour
doit être aussi profond que la terre le peut comporter, sur-tout si le premier a été léger à cause
du mauvais tems ou de la sécheresse de la terre.
Il doit aussi être fait d'un autre sens que le premier, pour mieux diviser la terre ; ce qui peut se
pratiquer avec toute espèce de charrues, excepté
dans les pièces de terres longues et étroites, comme
il en existe dans certains pays : ce qui est, à mon
avis, un grand obstacle à la perfection de la culture. Avant de biner toutes ses terres, il faut vider
une seconde fois sa cour, afin de faire conduire le

fumier dans les terres qu'on veut amender, parce que le second labour vaut mieux pour cela que le troisième.

A l'égard de l'influence de la chaleur sur le labour, je n'entrerai pas là-dessus dans toutes les discussions des chimistes, qui sont partagés à ce sujet. *Nudus ara,* disait Virgile: suivons cet avis, mais avec la restriction du poète, consacrée aussi par Olivier. Ne labourons pas les terres maigres pendant les grandes chaleurs, de peur qu'elles ne perdent leurs substances.

Mais si ton sol ingrat n'est qu'une faible arêne ,
Qu'au retour du Bouvier le soc l'effleure à peine.
Delille , l. I.

Ne pas trop herser.

Quand on aura biné les terres, s'il vient à faire sec, il faudra les laisser sans les herser, parce que si l'on détruisait trop les mottes, la herse n'aurait plus de prise quand l'herbe obligerait de herser; car il est certain que lorsqu'une terre n'a pas de mottes, ou très-peu, alors la herse ne faisant que glisser dessus ne l'entame pas, et par conséquent n'arrache pas l'herbe. C'est une chose que je sais par expérience : une terre que j'avais fait beaucoup herser, est venue à se battre par les pluies, au point que la herse ne pouvait plus y prendre;

ce qui n'arrive pas aux terres sur lesquelles on laisse des mottes.

Parc.

Dans les pays de jachères, on a coutume de faire parquer les moutons dans la belle saison. Je conseille beaucoup de faire usage de cet engrais, qui se trouve si aisément porté sur les terres. On prétend que le parc s'épuise promptement et ne dure qu'un an; je ne sais pas s'il ne dure qu'un an, ce que je sais par expérience, c'est que j'ai toujours obtenu d'excellentes récoltes en blé et en mars dans les terres que j'ai fait parquer. Il faut observer cependant que le parc convient à certaines terres plus qu'à d'autres; il réussit infiniment mieux dans les terres franches et douces, que dans les terres à cailloux ou argileuses : dans les premières, il pénètre et s'insinue facilement dans tous les pores d'un terrein dont les molécules sont extrêmement déliées; les secondes, au contraire, toujours compactes et souvent durcies par le soleil, ne permettent pas aux sels du parc de s'étendre et de s'incorporer au sol. Ces sortes de terres en général s'accommodent mieux du fumier qui les rend plus légères et par conséquent plus aisées à travailler, plus susceptibles de recevoir les influences de l'atmosphère. Cependant j'ai vu le parc réussir très-bien dans des terres à cailloux, et quelquefois même mieux que le fumier. Préférez donc, le plus que vous pourrez, les terres franches aux terres argileuses, pour y mettre le parc, qui réussira par-tout plus ou moins, avec les précautions suivantes :

1°. Faire rentrer les moutons dans la journée, quand l'herbe vient à leur manquer; le parc engraisse peu la terre lorsque les moutons, ne trouvant pas d'herbe dans les champs, s'y couchent l'estomac vide, et par conséquent presque sans aucun fruit.

2°. Ne pas mettre le parc sur des blés semés, lorsque le tems devient pluvieux; les moutons pétrissent alors le blé, de manière qu'une grande partie se pourrit et ne profite pas.

3°. Labourer la terre qu'on veut parquer, immédiatement avant d'y mettre le parc, et la bien herser, afin que les sels du parc puissent y pénétrer.

4°. Avoir soin que le parc soit garni d'un nombre suffisant de moutons. Si le cultivateur a un berger, qu'il augmente le nombre de ses bêtes; car s'il sait en faire un bon choix et qu'il les confie à un bon berger, il ne pourra qu'y gagner, puisque ses animaux, profitant au parc, se vendront plus cher à la fin de la campagne. Si le berger n'est pas à lui et qu'il soit commun, ou qu'il ne veuille pas faire la dépense ou plutôt l'avance d'acheter de nouvelles bêtes, qu'il se contente d'en louer.

5°. Avoir un nombre suffisant de claies, pour que le parc embrasse assez de terre, par le même principe établi pour le fumier, qu'il vaut mieux fumer plus et avoir de bonnes récoltes, que fumer peu de terres et en avoir aussi très-peu où la récolte soit abondante.

6°. Donner au parc un léger labour aussi-tôt qu'il est fait, et au plus tard dans la huitaine, afin que le soleil n'en mange pas les sels. En attendant qu'on puisse le renfouir, il faut toujours le herser pour cacher un peu la crotte du mouton; cependant le parc qui se fait avant la moisson, ne doit pas toujours se renfouir si promptement que celui qu'on fait après, sur-tout dans les bonnes terres. Il est souvent bon de lui faire jetter son feu, en le laissant exposé au soleil et le hersant simplement; autrement il arrive souvent qu'il produit une prodigieuse quantité d'herbes, qu'on ne peut détruire malgré tous les soins possibles, à cause des sucs fertilisans que renferme la terre. Aussi le parc vaut infiniment mieux dans les mois d'Août et Septembre, qu'en Juin et Juillet; car, dans ces deux derniers mois, ou il perd son sel parce qu'on le laisse exprès exposé au soleil pour amortir son ardeur, ou il donne à la terre une fertilité trop prématurée, qui ne sert qu'à lui faire pousser des herbes nuisibles et dévorantes.

7°. Ne pas établir le parc trop loin du pâturage, comme l'on fait dans les endroits où la pâture est divisée, et où quelquefois le parc en est éloigné d'une demi-lieue. Comment peut-il être bon, lorsque ces pauvres bêtes arrivent toutes efflanquées, et ayant perdu en chemin une partie de ce qu'elles devaient rejetter au parc?

8°. Ne pas parquer quand il pleut beaucoup, parce qu'alors la terre se bat et se durcit, au point de ne devenir jamais meuble. Il faut, sur cet article, surveiller la cupidité des bergers, qui exposent les moutons à des maladies, en les faisant coucher dans l'eau et dans la boue, et se font payer un salaire qu'ils ne méritent pas, puisque le parc assis par un tems pluvieux, n'apporte que du dommage.

Telles sont les précautions nécessaires pour faire réussir le parc : elles assureront à ceux qui les pratiqueront d'excellentes récoltes. Il est encore un autre engrais que donnent les moutons; c'est ce qu'on appelle, dans notre canton, *prangelles*, je crois du mot latin *prandium*; parce que le berger, qui dîne à midi, fait arrêter son troupeau à cette heure jusqu'à environ deux heures du soir; il lui suffit de réunir ensemble tous ses moutons qui, à cause de la chaleur, se cachent

mutuellemnet la tête. Cet engrais ne s'étend pas
très-loin, parce qu'alors le troupeau renferme un
très-petit espace; mais aussi l'endroit où il s'arrête se trouve très-bien fumé : on doit seulement
recommander au berger de ne s'arrêter, dans les
grandes chaleurs, que dans des endroits abrités,
de peur que le soleil n'incommode les moutons et
sur-tout les agneaux, qui, dans l'été, sont sujets à
la maladie qu'on appelle *tournoiement*, et dont
nous avons parlé au mois de Mai. Il faut prendre
pour cet engrais là même précaution que pour le
parc, le herser et le binotter, afin que le soleil
n'en évapore pas le suc.

Esseiglage.

Au commencement de Juin (1), il faut esseigler les blés purs, c'est-à-dire, en arracher le
seigle qui y pousse malgré toutes les précautions

---

(1) Il y a des pays où il faudrait esseigler avant le
premier Juin ; mais je prie d'observer que, pour cet
article comme pour tous ceux de cet Annuaire, j'ai
suivi les époques fixées pour la température du département de l'Oise, que j'habite. Il sera aisé d'avancer
ou de retarder, suivant la position qu'on occupera,
et cela au moins dans les deux tiers de la France ;
car j'avoue que, dans les provinces méridionales, le
climat et les productions sont si différens, que mon
ouvrage ne peut y être de la moindre utilité.

possibles. Il faut éviter deux inconvéniens , l'un d'esseigler trop tôt, l'autre d'esseigler trop tard; dans le premier cas, il repousse du seigle après l'opération faite , et il faut la recommencer quinze jours après , ce qui foule de nouveau le blé ; ou bien il faut laisser le seigle , ce qui suffit pour gâter le blé destiné à faire de belle semence : dans le second cas, le blé est si haut et si épais, qu'on casse le tuyau, en y marchant, et qu'on y fait un grand dommage. Il faut donc savoir prendre un juste milieu entre ces deux inconvéniens. On choisira un beau soleil pour esseigler, afin de mieux distinguer les épis, et on ne partira qu'après la rosée, si on ne veut pas s'exposer à être tout mouillé et à gâter davantage le blé, qui étant plus faible , se courbe plus facilement. Pour ne pas laisser du tout de seigle et moins gâter le blé, on ferait bien de prendre plusieurs hommes, qu'on placerait dans la pièce à égale distance , et qui auraient ordre de marcher droit et toujours sur la même ligne , pas plus vîte l'un que l'autre, et de ne laisser aucun épi entre-deux. Afin de s'assurer si l'opération est bien faite, le maître doit aller avec eux et traverser sans cesse, derrière eux, le blé qu'ils auront esseiglé , pour arracher les épis qui leur auraient échappé , et réprimander ceux qui seront moins attentifs. Un moyen de bien voir s'il n'y a pas de seigle d'oublié , est de se baisser, de tems en tems, jusqu'à la superficie du blé, pour examiner s'il n'y a pas quelques épis de seigle qui dominent.

Coupe de sainfoin.

Le sainfoin est, de tous les fourrages, celui qui est plutôt en état d'être coupé; c'est aussi le plus excellent : mais il veut être coupé à point nommé. Lorsqu'on le fauche en pleine fleur, il est trop tendre et diminue beaucoup au fanage; lorsqu'on attend que sa fleur soit entièrement passée, il est trop dur, il s'égrène beaucoup et ne produit guère que des tuyaux presque secs et sans fane. Pour être bon, il faut donc qu'il soit moitié en fleur, moitié défleuri; il aura alors le double avantage de fournir un fourrage abondant et grenu : on aura seulement l'attention de le faner avec plus de précaution que tout autre fourrage, pour ne pas en laisser tomber la graine, qui en fait le plus grand mérite.

Coupe de luzerne.

Les luzernes doivent ordinairement être coupées dans les premiers jours de Juin. On ne doit pas attendre que cette première coupe soit en fleur et dans toute sa force; il faut la couper de bonne heure, afin de pouvoir faire trois coupes; c'est néanmoins le tems qui doit par-dessus tout décider du moment de la couper, ainsi que tout autre fourrage. Si le tems est constamment beau, qu'on coupe sans attendre la dernière perfection, parce qu'il arrive presque toujours qu'après une longue suite de beaux jours, le tems se met, pour parler en terme vulgaire, *à la débandade*, et qu'on est alors exposé à tout perdre. Cependant il faut là-dessus savoir prendre un juste milieu : lorsque la luzerne est trop tendre, que le tuyau n'est pas assez formé ni à sa grosseur, que le pied est encore garni de petits rejettons, ou que le fourrage n'est qu'à la moitié de sa hauteur; alors, quel que beau que soit le tems, il vaut mieux différer : si on la fauchait, on éprouverait une trop grande perte, parce qu'en la fanant le fourrage serait tellement consommé par le soleil, qu'il se réduirait au moins de moitié. Si, au contraire, la luzerne se dégarnit du pied, et commence à jaunir par en bas, qu'on ne diffère pas un moment; attendre davantage serait s'exposer à voir tomber les fanes et à n'avoir plus que de longs tuyaux, qui rendraient le fourrage si dur que les animaux ne pourraient en manger; car, en coupant plutôt le fourrage il est moins abondant; et le coupant plus tard, il fournit davantage, mais en revanche il est d'une qualité bien inférieure. Et c'est ainsi que chaque chose est accompagnée de bien et de mal, et qu'on est quelquefois dédommagé de la perte que les circonstances ont commandée.

Coupe de trèfle.

Le trèfle ne se coupe guère qu'à la fin de Juin ; comme il ne fournit au plus que deux coupes, il a le tems de les produire : d'ailleurs, il fraie encore bien plus que la luzerne lorsqu'il est tendre, et par conséquent a besoin d'être fauché plus tard ; en général, lorsqu'on voit les têtes du trèflè mourir, c'est une indication de le couper, mais ce n'est pas toujours une preuve qu'il soit à sa maturité. La chaleur du soleil et les petites gelées qu'il fait quelquefois même en Juin, suffisent pour produire cet effet ; il est vrai qu'alors il ne profite guère en hauteur ; mais quand il est bien vert dans le pied, il se regarnit encore de jeunes plantes qui prennent la place des têtes mortes, et on ne se repent pas d'avoir différé à y mettre la faulx. Cependant lorsqu'on veut faire deux coupes, et que le trèfle, se trouvant dans des jachères, doit faire place au blé, il faut absolument le couper tel qu'il est dans les derniers jours de Juin au plus tard ; car c'est alors qu'on doit se décider à faire deux coupes ou à n'en faire qu'une.

Lorsque le trèfle a commencé tard à pousser, qu'il se garnit au pied de jeunes rejettons, qu'il est encore vert et vigoureux ; alors il y a plus d'avantage à ne faire qu'une seule coupe, qui est toujours beaucoup plus abondante : de plus, on économise par là les frais d'une seconde coupe, qui ne vient pas forte quand sa pousse est accompagnée de chaleur, et ne forme presque toujours qu'un fourrage dur, bon seulement pour les vaches, lorsqu'elle vient abondante. Quelquefois on s'applaudit de n'avoir fait qu'une coupe, d'autres fois les secondes coupes valent mieux que les premières; cela dépend entièrement du tems qu'on ne saurait prévoir. Le cultivateur éclairé sur les avantages et les désavantages de l'un et de l'autre parti, se décidera après une mûre réflexion; mais je ne lui permets pas d'hésiter un seul instant pour les vieux trèfles, quand ils ont beaucoup d'herbes: non-seulement il ne faut faire qu'une coupe, je conseille encore de ne pas attendre que l'herbe soit trop sèche et montée en graine, pour deux raisons: la première, parce qu'elle vient alors dure et forme un mauvais fourrage; la seconde, parce que ces herbes, en s'égrenant, se multiplient au point d'infecter la terre pour plusieurs années. Je dis la même chose pour les trèfles où il se trouve beaucoup de chardons, qu'il est dangereux de laisser égrener.

Fanage des différens fourrages.

Tous les fourrages dont je viens de parler, se

fanent tous de la même manière. La différence du fanage ne dépend que du tems : lorsqu'il est très-beau et le soleil constamment ardent, les fourrages sont excellens et ne coûtent presque pas de peines ; ils sont excellens, parce qu'ils conservent leur odeur et leurs fanes, que la pluie ou un fréquent remuage fait tomber ; ils ne coûtent presque pas de peines, parce qu'ils n'ont besoin que de quatre façons au plus ; car alors, le lendemain du jour qu'ils sont fauchés, on épand le fourrage le plus clair possible aussi-tôt la rosée du matin ; le jour suivant, à la même heure, on le retourne ; le soir même on le met en petits muleaux ; le 3ᵉ. jour, également après la rosée, on éparpille un peu ces petits muleaux, que le soir on met en grosses meules, où le fourrage reste quatre ou cinq jours pour se parer, et où il acquiert toujours une bien meilleure qualité. S'il est un peu trop humide, il s'y sèche peu à peu ; si, au contraire, il est trop sec, il y redevient plus doux et plus vert. Enfin, dans l'une et dans l'autre circonstance, il y jette son feu et ne se gâte jamais lorsqu'on le serre dans le grenier.

Il faut prendre une route toute différente, lorsque le tems est incertain ou peu chaud ; il ne faut pas épandre le fourrage, parce que, s'il vient à pleuvoir, il se gâte bien davantage que de rester en rang de fauchage, où il peut recevoir plusieurs jours la pluie sans rien risquer : alors, quand le dessus sera sec, il faudra le retourner après la rosée et le laisser ainsi jusqu'à ce qu'il soit entièrement sec ; profiter ensuite du premier jour de soleil pour l'épandre et le mettre au soir en meules ou en muleaux suivant sa bonté; s'il n'est pas encore parfaitement sec le lendemain, on défait les meules et on épand le fourrage tout autour, ou seulement on les ouvre pour que la chaleur entre dedans. Il y a des personnes qui, sous prétexte de hâter la fanaison de leurs fourrages, les remuent beaucoup, les retournent plusieurs fois et le fanent comme du foin; cette méthode est fort dispendieuse, de plus très-mauvaise, parce qu'elle ôte toutes les fanes et la qualité du fourrage.

Ainsi on fanera les sainfoins, luzernes et trèfles, suivant le tems convenable; néanmoins ce qu'il ne faut pas oublier pour rendre un fourrage bon, c'est, 1°. de ne pas trop le manier, pour lui laisser sa qualité; 2°. prendre garde qu'il ne se dessèche trop au soleil, qui alors en pompe tout le jus et l'odeur; 3°. de ne lier jamais de fourrage qu'il ne soit parfaitement sec, parce qu'autrement il noircit et devient très-malsain pour les bestiaux; 4°. de ne pas le lier à la grande chaleur, de peur qu'il ne se brise et que toutes les fanes tombent ; mais de grand matin, en ôtant le tour des muleaux, qui est toujours couvert de rosée, et qui rendrait le reste humide, si on n'avait la précaution de ne le botteler que lorsque le soleil l'a rendu parfaitement sec.

Une précaution qu'il faut prendre quand les meules sont faites, c'est de faire râteler toute la pièce, dans laquelle il reste beaucoup de fourrage, qu'on n'a pu enlever avec la fourche. Il faut faire ce râtelage tout au soir ou le matin de bonne heure, afin que la chaleur ne le consomme pas. Il faut avoir soin aussi, lorsque le tems est incertain, de faire des meules fort grosses et fort tassées, et pour cet effet y faire monter, de tems en tems, un homme. Quand le fourrage n'est pas assez sec pour faire une grosse meule, on sera contraint de les faire plus petites ; si ces petites meules viennent à se sécher, sans pour cela qu'on puisse les lier, il faut alors les réunir dans des meules plus grosses, sur-tout si le tems menace. Il faut faire la même chose, si on n'a pas eu le loisir de faire de grosses meules, dans les grandes chaleurs, par exemple, où le soleil étant ardent jusqu'à son coucher, on ne peut mettre en meule avant qu'il ait quitté l'horison, sans crainte de faire tomber toutes les fanes ; dans ce cas, le lendemain, aussi-tôt la rosée, on réunit ensemble les petites meules de la veille, afin que la chaleur ne les rende pas trop sèches, et n'ôte pas au fourrage sa qualité et sa verdeur.

Aussi-tôt que les sainfoins, luzernes et trèfles sont coupés , on saura profiter du premier tems humide , pour y faire semer des cendres , mais en plus petite quantité que sur la première coupe.

Labourer les vieux trèfles.

Il faut renfouir les trèfles qu'on ne veut plus recouper , à moins que les moutons et les vaches ne soient à portée d'y pâturer pour détruire l'herbe. Mais si on veut leur donner plusieurs façons, il faut les labourer à la fin de Juin; car il faut leur donner trois ou quatre façons, ou n'en donner qu'une. En voici la raison : plusieurs façons réitérées détruisent l'herbe , et rendent la terre dure et ferme au fond, quoique meuble au dessus. Une seule façon, donnée quinze jours avant la semence, arrange aussi très-bien la terre; la racine de l'herbe, qu'on a eu soin de faire paître souvent par les bestiaux, est détruite par les fréquens hersages, et ce qui en reste encore se trouve ensuite étouffé par le blé qu'on sème dans une terre neuve, où il forme tout de suite son pied et pousse avec abondance avant l'hiver, sur-tout lorsqu'on a soin de rouler la terre plusieurs fois; au contraire, lorsqu'on ne donne que deux labours, le second ne fait que remettre en-dessus les gazons retournés par le premier; ces gazons étant peu pourris et ayant végété dans une terre oiseuse, reviennent en-dessus et reprennent leur première place. Il arrive de là qu'il reste un jour entre ces gazons et la terre qu'ils rendent creuse; la semence lève difficilement, à cause du vide qu'opèrent les gazons, et pourrit souvent plutôt que de lever. Quant à moi, d'après l'expérience que j'en ai faite, je préfère ne donner au trèfle qu'un labour, en faisant deux coupes dans ceux qui ne sont pas infestés d'herbe, et n'en faisant qu'une dans les autres, qu'on laisse en pacage pour la nourriture des bestiaux. Cette méthode a deux avantages: elle ménage trois labours qu'autrement il est indispensable de donner; elle rend la terre dure et ferme, et la délivre des mauvaises herbes que le troupeau et le soleil consomment.

Remuer le blé.

Une des attentions du cultivateur, pendant le mois de Juin, est de faire remuer souvent son blé et autres grains qui sont sujets à s'échauffer et à prendre un mauvais goût par la grande chaleur. Il faut les faire remuer au moins une fois toutes les semaines, ouvrir alors la fenêtre et changer le blé de place, en le prenant avec la pelle en moyenne quantité, et le faisant voler en haut pour chasser la poussière. Pour la détruire entièrement, il faut en outre avoir soin, tous les mois, de faire vanner le blé ou de le faire passer dans un crible à pied, où il se dépouille entièrement de sa poussière. Ce crible est composé d'une trémie dans laquelle on verse le grain, qui coule de là sur quelques planches de bois, et ensuite sur plusieurs fils d'archal mis à côté l'un de l'autre, et qui forment une grille fort serrée; le bon grain, comme plus lourd, tombe dans le vaisseau qui est au bas pour le recevoir, tandis que la poussière et les mauvaises herbes passant au travers de la grille, tombent dans une poche de peau qui est dessous.

Détasser l'ancien fourrage.

Une autre précaution essentielle, c'est de détasser son ancien fourrage, afin de ne pas en mettre de nouveau par-dessus et n'être pas obligé de le faire manger par les chevaux, pour qui il est malsain, lorsqu'il n'a pas jetté son feu dans les greniers, pendant un mois environ; d'ailleurs, en changeant le fourrage de place, on en secoue la poussière et on le rafraîchit; ce qui le rend beaucoup plus sain. Si on a encore une grande quantité d'ancien fourrage, on pourra en vendre, pourvu qu'on en ait de nouveau en abondance, et sans compter sur les secondes coupes, qui souvent manquent ou sont de mauvaise qualité.

Chevaux au vert.

Lorsqu'on a d'abondans fourrages près de la maison, il est très-bon de mettre les chevaux au vert pendant trois semaines ; cela les purge et leur fait, pour ainsi dire, un corps neuf : on leur en donne à discrétion, c'est-à-dire au moins trois bottes chacun ; ce qui n'empêche pas de leur donner de l'avoine comme à l'ordinaire. Le trèfle est la meilleure nourriture en vert pour les chevaux, parce qu'elle est la plus purgative et la plus tendre à manger.

Bestiaux.

On continue toujours à nourrir les vaches au fourrage vert, et à les mener dans un herbage matin et soir. Lorque la luzerne commence à sécher, il ne faut plus leur en donner, parce que ce fourrage n'a plus de jus et ne peut plus fournir de lait. Il faut donc leur donner du trèfle vert, qu'on gardera sur pied en assez grande quantité pour attendre la seconde coupe de luzerne, ou le mélange qu'on aura semé pour remplacer le trèfle.

Moutons.

Lorsque l'été est sec et qu'il n'y a pas d'herbe pour les moutons, il faut avoir soin de les faire rentrer, deux ou trois heures par jour, pour leur donner à manger; de cette manière, ils s'entretiennent toujours bien, et le parc se détériore moins. Il faut aussi avoir soin, lorsqu'il fait de grandes pluies, de ne pas les faire coucher dehors, de peur que l'humidité ne leur procure des maladies. Les agneaux de l'année peuvent aller au parc à trois mois, mais ils doivent rentrer tout-à-fait lorsque les nuits sont trop humides, ou que l'herbe manque.

Porcs.

On évitera de tuer des porcs pendant l'été. Il arrive quelquefois de l'orage pendant qu'on les prépare, et alors le lard n'est plus de garde; lors même qu'il ne survient pas d'orage, il se gâte encore souvent dans le saloir, et à plus forte raison quand il en est retiré. C'est le tems d'élever de jeunes porcs qui, allant aux champs, se fortifient en peu de tems, se trouvent tout forts à l'entrée de l'hiver, et bons à tuer au besoin.

Volailles.

Ne pas leur donner des nourritures échauffantes pendant les chaleurs, et avoir soin qu'elles aient à boire dans un auge de pierre près le poulailler, s'il n'y a pas de marre dans la cour.

Mois de Juillet.

Nudus ara.
Virgil. l. I.

CE mois, l'avant-coureur de la moisson, en est souvent lui-même le commencement. Plutôt elle arrive, et plus elle est heureuse : la longueur des jours, l'ardeur du soleil aident alors et protègent le cultivateur, qui voit par conséquent avec plaisir les chaleurs de Juillet mûrir et courber ses récoltes. Mais que sa joie ne ralentisse pas ses travaux; l'approche de la moisson est un puissant engagement pour lui, de donner à ses terres la culture que les occupations d'Août lui refuseront.

Vacances du propriétaire.

Lorsque la récolte ne se trouve qu'à la fin de Juillet, et que tous les fourrages sont rentrés dans les premiers jours du mois, le propriétaire peut absolument donner une quinzaine de jours à ses affaires, ou même à quelque voyage d'agrément. Comme dans cette quinzaine les travaux seront toujours uniformes, et que les domestiques n'ont qu'à suivre l'impulsion générale qui leur est donnée, il peut quitter sans inconvénient, en s'arrangeant seulement pour que les battages soient terminés, et ne laissant à la ménagère que le soin de faire retourner les blés et autres grains.

C'est aussi un tems favorable pour la dame; ses volailles sont pour ainsi dire élevées, ses couvées sont terminées, et la ménagère n'a qu'à suivre la route qu'elle lui a frayée. Ce sont donc de petites vacances que notre ménage rustique peut se permettre au milieu de ses travaux. Mars, Avril, Mai et Juin, ne lui ont laissé aucun instant de tranquillité; les mois qui vont suivre, Août, Septembre, Octobre et Novembre absorberont bien davantage tous ses momens. Qu'il profite donc de ce court intervalle pour se reposer de ses fatigues, et se préparer à de nouveaux combats. L'homme a besoin de repos, et quelques momens de loisir, loin de lui être pernicieux, le rendent plus disposé au travail et à l'occupation.

Juillet vous accorde quinze jours de loisir et de délassement; mais auparavant examinez si tout est en règle : vous en jugerez en jettant les yeux sur les diverses occupations que je vais décrire.

Troisième labour.

Ce labour, qu'on appelle, en terme picard, *la raie au blé*, doit, pour être bon, être précédé d'un hersage fait à propos et par beau tems;

comme la terre est alors ordinairement très-meuble, on donne ce labour aussi profond que le sol peut le permettre, afin de donner plus de ton à la terre, la rendre plus susceptible des influences de l'air, et détruire davantage la racine de l'herbe. Il faut, ordinairement, faire ce labour en Juillet, mais seulement pour les terres destinées à être semées à la herse, c'est-à-dire sur un quatrième labour ; car il faut le donner plus tard à celles qui ne doivent recevoir cette quatrième façon que lorsqu'on recouvrira le blé à la charrue, c'est-à-dire, au plutôt à la fin de Septembre. Si on leur donnait la troisième façon au commencement de Juillet, il se passerait plus de deux mois entre la troisième et la quatrième, ce qui occasionnerait beaucoup d'herbes, à moins qu'on ne leur donnât une façon de plus, ce qu'on peut rarement pratiquer. On aurait encore peut-être la ressource de la herse, mais elle ne suffit pas pour détruire l'herbe, dont elle n'attaque pas la racine. Il vaut mieux donner les dernières façons le plus près qu'on peut les unes des autres, pour extirper entièrement l'herbe et rendre la terre meuble dans les derniers mois qui précèdent les semences, c'est-à-dire Août et Septembre ; alors on ne doit laisser aucun repos à la terre, et sans cesse la tourmenter.

Exercetque frequens tellurem atque imperat arvis.
Virgil. Georg. l. I.

Divers travaux de Juillet.

Si la moisson est tardive et que le cultivateur soit avancé de ses labours, il aura soin, avant la fin de Juillet, de faire tous les travaux qui seraient incompatibles avec ceux du mois d'Août, comme, par exemple, de charrier les arbres destinés au chauffage ou aux réparations, d'amener dans sa cour les cailloux, pavés ou pierres nécessaires pour la réparer et boucher les trous; il fera charrier aussi, si le tems est propre et si les chemins sont bons, les tuiles, pierres, ardoises et autres matériaux dont il peut avoir besoin dans le courant de l'année pour ses bâtimens; enfin, il profitera de ce moment de loisir pour aller chercher des cendres ou du plâtre pour la seconde coupe, pour conduire à la ville les fourrages dont il peut se défaire sans nuire à la nourriture de ses chevaux et bestiaux.

Raccommodage des chemins.

Si le tems le permet, il faut s'occuper aussi du raccommodage des chemins. Dans les communes bien entendues, on fait ordinairement ces réparations en commun, et elles sont ordonnées par le maire; les cultivateurs nourrissant les travailleurs, n'ont que la peine de charrier les cailloux avec leurs chevaux. Lorsque ces travaux sont surveillés par des inspecteurs intelligens nommés par les habitans, et qu'on les fait avec zèle, on répare beaucoup de chemins en une semaine, surtout lorsque le tems est beau et que les chemins sont secs : car lorsqu'ils sont pleins de boue ou qu'il pleut, il est inutile de les raccommoder, parce que les cailloux se perdent dans la boue et en sont bientôt recouverts; au lieu que quand il fait sec, ils remplissent parfaitement les trous et forment un excellent chemin en peu de tems. On sait combien de bons chemins ménagent les chevaux et les voitures, et même économisent du tems, puisqu'on charge plus fort quand les chemins sont en bon état.

Travaux intérieurs.

Outre ces travaux du dehors, le cultivateur aura soin de faire serrer, avant la moisson et par un beau tems, les fagots, bourrées et bois de corde qui doivent être alors séchés suffisamment par les chaleurs de Juin. Quinze jours avant la moisson, il n'oubliera pas non plus de faire vider et nettoyer entièrement ses granges : je n'approuve pas du tout la méthode de ceux qui entassent des grains nouveaux sur des anciens; c'est le moyen de perpétuer les souris et les rats, qui ne manquent pas de s'introduire dans le blé et d'y faire des trous, où ils multiplient à l'infini. Pour parer à cet inconvénient, il faut avoir soin que les grains soient battus avant les derniers jours de Juillet, ensuite faire nettoyer toutes les granges et en faire retirer toute la paille, même celle qui sert de lit au blé, et qu'on appelle *soustrait* dans notre canton; c'est une mauvaise habitude que de conserver ce soustrait pendant plus d'un an, parce qu'il s'y mêle des pailles hachées, des poussières qui entretiennent les rats et souris; les granges, étant parfaitement nettoyées et balayées, ont le tems, en une quinzaine de jours, de sécher et de perdre toute leur humidité.

Nous ne parlerons pas, en Juillet, des récoltes qu'on y fait, comme bizaille, vesce, seigle; nous réservons ces articles pour le mois d'Août, et nous allons donner au cultivateur une esquisse des comptes qu'il doit se rendre à lui-même avant l'ouverture de la récolte.

COMPTE DE RECETTE ET DE DÉPENSE.

Emploi des récoltes.

Le cultivateur a deux comptes à faire; le premier destiné à comparer sa recette avec sa dépense, ce qui lui sera aisé, puisque, comme nous l'avons dit dans l'introduction, à l'article *économie*, il tient deux registres exacts de recette et de dépense divisés en différens articles; ces deux

registres ayant dû commencer au premier Août,
il est juste de les arrêter aussi au premier Août,
et on verra par là le bénéfice qu'on aura tiré sur
son exploitation. Pour ne pas se flatter sur la
réalité de ses bénéfices, il faudra examiner si on
a payé toutes les fournitures faites et toutes les
impositions échues; car, si on devait, on ne pourrait regarder comme bénéfice l'excédant de la dépense, puisque cette dépense ne serait pas entièrement payée. Cette observation est d'autant plus
nécessaire, que, si on n'y faisait pas attention, la
dépense d'une année serait reportée sur l'autre,
dont le bénéfice serait diminué, sans qu'on puisse
tout de suite en trouver la cause. Aussi faut-il,
lorsqu'on veut connaître aisément le produit de
son faire-valoir, payer exactement les mémoires
de l'année avant le premier Août, de manière que
chaque récolte paie ses dépenses, et qu'on ne
transporte pas à l'année suivante les dépenses de
la précédente. Si l'on doit compter en dépense
tous les objets qui sont encore à payer, il faut
aussi porter en ligne de compte tout ce qui reste
à vendre sur la dernière récolte, en blé, avoine,
orge et autres grains, parce que ces objets, esti-
més à une valeur moyenne, doivent être ajoutés
à la recette. Cette opération sera facile, si on
suit l'ordre que j'ai indiqué pour écrire exactement l'endroit où on resserre les fourrages, la

quantité qu'on y a mise et celle qu'on en a retirée, et de même pour toutes espèces de grains.

Le second compte important pour le cultivateur, est celui du produit et de l'emploi de ses récoltes. Ce compte est très-nécessaire pour qu'il connaisse l'étendue de ses consommations en tout genre, et qu'il n'y ait pas un boisseau de grain dont il ne sache l'emploi; il fera facilement et en peu de tems cet examen, au moyen du registre qui doit contenir l'état de ses récoltes : nous n'en répéterons pas les détails. Nous allons seulement indiquer la manière de faire cet examen. Prenons pour exemple le blé.

Récapitulation de la récolte en blé.

J'ai récolté en blé . . . . 10,000 gerbes.
Elles ont produit de battage (1) . . . . 300 sacs.
Ce qui fait 33 gerbes
pour un sac.

  Emploi des . . . . . 300 sacs.
Mangé . . . . . 50 sacs.
Donné aux batteurs (2) 15
    ———
    65

----

(1) Ce qu'on verra en consultant le cahier de battage.

(2) Les batteurs battant au vingtième.

Report. . . . . 65 sacs.

Aux moissonneurs . 18
Aux calvaniers . . 6
Aux bergers , va-
   chers , etc. 10
Employé pour se-
   mence 30
Vendu 150
 Restant au gre-
   nier (1) 13
Différence sur le
   mesurage (2) . . 6
Frai du grenier (3) 2

        300 ci . 300

Cet exemple, en indiquant la manière de connaître l'emploi de sa récolte, servira aussi de base
pour estimer le produit ordinaire d'une terre; car,
en supposant cent cinquante arpens produisant
dix mille gerbes année commune, ce qui fait

---

(1) Ce qui est indispensable pour n'être pas obligé
de battre pendant la moisson.

(2) Les batteurs mesurant plus bas que le maître ,
je compte environ un 48e. de moins.

(3) A cause de la poussière , des souris , et du déchet du criblage.

deux cens gerbes par arpent, et par conséquent une bonne récolte, l'on voit qu'après avoir
prélevé le blé nécessaire pour la semence, la
consommation et les mercenaires, il ne reste que
cent cinquante sacs à vendre, c'est-à-dire, juste-
ment la moitié; d'où l'on peut conclure que dans
la majorité des fermes de France, il faut toujours
compter la moitié du blé pour le ménage et autres frais indispensables. D'après ce calcul, on
verra aussi aisément que plus les terres produisent par leur fertilité naturelle ou à cause de la
bonne culture, plus aussi elles rapportent, puisque les frais sont les mêmes pour dix arpens qui
ne produisent que neuf quintaux de blé, que pour
dix qui en produisent dix-huit. Le battage seul
coûte plus quand la récolte est plus abondante;
mais quelle proportion cette dépense a-t-elle avec
le profit des pailles, qui, en procurant des engrais considérables, garantissent au propriétaire
une succession non-interrompue de fertilité et
d'abondance?

Arracher l'herbe traînante.

Il se glisse souvent dans les vesces, les lentilles
et les luzernes, trois semaines environ avant leur
maturité, des herbes rouges et traînantes à petits
grains, qui se collent tellement au fourrage, qu'il
est impossible de les en arracher; cette plante,

qu'on appelle *cuscute*, s'accroît et s'étend en peu de tems, sur-tout lorsqu'il pleut; de sorte que le seule remède est de couper toutes les places où il s'en trouve, sans en laisser le moindre vestige; car quelques brins suffiraient pour infester tout le champ. Le grain est entièrement étouffé par cette herbe qui, comme une teigne, le ronge au point de le détruire entièrement; il paraît que cette plante n'a pas de racine, mais est produite ou envoyée par les brouillards : ce qui est sûr, c'est qu'elle ne se colle que sur les vesces, lentilles et luzernes. Un cultivateur attentif ne manquera pas de se promener dans ses grains, et d'en arrêter promptement les progrès.

> Serò medecina paratur,
> Cùm mala per longas invaluere moras.

Examen des ustensiles de labour.

Avant le premier Août, il sera indispensable de faire une revue générale de tous les ustensiles qui doivent toujours, comme je l'ai marqué, être renfermés sous clef; cette revue, facile dans un moment de repos, serait impraticable dans la moisson, pendant laquelle il pourrait s'égarer plusieurs objets faute d'un examen fait à propos. La maîtresse fera la même chose pour les ustensiles de ménage, et regardera comme indispensable de les mettre dans le meilleur ordre possible.

Je passe sous silence les bestiaux et volailles, renvoyant sur cet article au mois de Juin. J'observerai seulement que c'est le tems de faire couvrir les vaches, afin qu'elles puissent véler en bonne saison. Il faut attendre pour cela qu'elles soient en chaleur, et les mener aussi-tôt qu'on s'en appercevra : cette chaleur ne durant souvent qu'un jour, quelquefois même beaucoup moins, on conseille, quand elles ne sont pas en chaleur, de les faire sauter une heure après leur avoir fait avaler de l'eau-de-vie ou autres liqueurs.

Hâtons-nous de passer aux travaux importans d'Août.

MOIS D'AOUST.

Temperat æstivos prædæ spes blanda calores.
L'espoir de la récolte tempère les chaleurs de l'août.

Vanières , liv. 8.

JE ne puis mieux comparer Août qu'à un port
où les navires trouvent un asile favorable quand
le tems est calme, mais où malheureusement ils
viennent se briser, quand ils sont surpris de la
tempête. Le cultivateur me paraît en effet avoir
une ressemblance frappante avec le nautonier : si
celui-ci confie à l'élément perfide un frêle vaisseau (1), l'équipe à grands frais et y entasse toute
sa fortune ; celui-là, après avoir fait des avances
considérables, travaille encore sans relâche toute
une année pour conduire sans échec ses brillantes
récoltes jusqu'au premier jour d'Août. O mois
ardemment desiré du cultivateur ! c'est toi qui décide de son sort. Quelquefois tu te joues cruelle-
ment de ses fatigues et de ses sueurs, en détruisant, en un moment, ses plus belles espérances.
Tu insultes même à son courage et à son activité,
en rendant inutiles tous les moyens qu'il emploie

(1) Fragilem truci commisit pelago ratem.

Horat.

pour arracher sa récolte aux intempéries de la saison. Que ne sommes-nous nés, hélas! dans ces pays heureux (1) où le ciel se ferme plusieurs mois pendant la maturité et la récolte des grains! Mais ne nous perdons pas en d'inutiles regrets; soumettons-nous à l'ordre du créateur. Nous serions trop riches, si nous étions sûrs de rentrer nos moissons, et si nos jouissances n'étaient mêlées d'inquiétudes.

PREMIÈRE SECTION.

Récolte des blé, vesces et pois.

Le mois le plus intéressant pour le cultivateur est celui qui lui coûte le plus de fatigues. Il précède l'aurore pour éveiller ses gens et ses moissonneurs; il reste presque toute la journée dans le champ pour présider au sciage et à l'enlèvement des grains, et ne quitte que pour aller quelques momens à la maison veiller sur les calvaniers et donner les ordres nécessaires. Le milieu du jour invite les gens au repos; mais c'est là le moment le plus intéressant pour lui. Sa présence est nécessaire dans les champs abandonnés des travailleurs, et qui deviennent, à cette heure, la proie des malfaiteurs. A peine trouve-t-il le moment de prendre quelques repos. Si le tems

____

(1) L'Egypte, la Palestine.

menace, il faut qu'il presse ses charretiers, qu'il les suive pas à pas, pour qu'ils ne perdent pas un instant. Le soir vient et rappelle les moissonneurs à la maison; mais le maître reste dehors pour faire enlever les grains. Il est donc toujours en activité; il n'a presque d'autre repos que celui que la fatigue surprend à son courage, et s'estime heureux de pouvoir se livrer quelques momens au sommeil, couché sur ses javelles.

Activité pendant la récolte.

Cette activité est indispensable pendant la récolte, dont le succès dépend entièrement de la sagacité du maître et de la célérité qu'il fait mettre dans tous les travaux. Il aurait beau commander, presser ses gens, sa présence fait plus que les ordres les plus rigoureux. Il est bon même quelquefois qu'il travaille quelques instans, pour encourager les ouvriers; l'exemple du maître ne leur permet plus alors de travailler mollement; ils n'osent se ménager, quand ils voient les gouttes tomber de son visage; ils tiennent à honneur de ne pas souffrir qu'il se fatigue, et redoublent de courage pour montrer leur bonne volonté.

Presser les moissonneurs.

Les moissonneurs, même quand ils sont à la tâche, et qu'ils ont par conséquent intérêt de finir promptement, ont besoin d'être pressés. Ils partent pres-

que toujours trop tard, et quittent trop tôt. Cependant, dans les jours de chaleur, le matin et
le soir sont les momens les plus favorables pour
couper le blé, afin qu'il ne s'écosse pas, qu'il ne
se brise pas, et que les petits épis ne se détachent pas de la main du moissonneur. La fraîcheur est aussi très-favorable aux travailleurs,
qui vont infiniment plus vîte que quand la chaleur les accable. Il faut donc absolument exiger
d'eux qu'ils soient arrivés au champ une heure
avant le lever du soleil, et qu'ils n'en sortent
qu'une heure après son coucher. Il faut même
que, de tems en tems, le maître soit avant eux
dans le champ, pour réprimander ceux qui arrivent plus tard, et louer, au contraire, ceux qui
sont diligens. S'il fait de la lune, le matin ou le
soir, il faut aussi que les moissonneurs en profitent pour travailler, et alors ils dormiront depuis
onze heures jusqu'à trois. On mettra donc tout
en œuvre pour obtenir des moissonneurs un travail sans relâche pendant la fraîcheur du jour;
récompense, réprimande, menace, rien ne sera
oublié : le tout c'est de savoir en faire usage ;
quelques pièces d'argent, quelques verres de
boisson distribués à propos, font oublier à ces
gens leurs fatigues et l'inflexible sévérité du
maître. Qu'il ait soin sur-tout de ne pas trop se
familiariser avec eux, pour les laisser dans l'obéis-

sance, et qu'il les accoutume à regarder ses ordres comme sacrés. Il doit, à son tour, être très-
exact à garder les promesses qu'il leur fera; pour
tout dire, il doit se comporter à leur égard comme
un véritable père, punir le mal, récompenser le
bien; cela paraîtra peut-être difficile à pratiquer
vis-à-vis des gens sans éducation. L'expérience
prouve le contraire : les habitans de la campagne
ont beaucoup de respect et d'attention pour les
gens au-dessus d'eux par leur rang et leur éducation, sur-tout s'ils sont vertueux; car la vertu
ne manque jamais de se faire respecter et de mé-
riter la confiance de tous.

Un cultivateur qui a une grande exploitation,
est, pour ainsi dire, comme un capitaine au milieu de sa compagnie. Il doit tellement posséder
le cœur des siens, qu'ils obéissent au moindre
signal, et qu'ils endurent les plus pénibles travaux par amour pour leur chef. Par conséquent
il ne regrettera pas les petits sacrifices qu'il fera
pour récompenser leurs travaux; il en sera dédommagé au centuple par la bonté de ses récoltes, la fidélité et l'adresse de ses ouvriers.

Activer les calvaniers.

Mais si les moissonneurs ont besoin d'être surveillés, à plus forte raison les charretiers et calvaniers; quelques actifs qu'ils soient, ils perdent

toujours du tems quand le maître n'est pas présent. Qu'on me permette là-dessus quelques détails qui ne me sont que trop connus.

Le tems presse, on reçoit l'ordre d'atteler et de partir. Si le maître n'y est pas, le charretier attèle lentement ses chevaux, qu'il fait sortir l'un après l'autre de l'écurie ; les chevaux sont prêts à partir, mais le calvanier n'a pas encore préparé les liens ; il se passe dix minutes avant qu'ils soient mouillés et mis dans la voiture. Cependant le charretier sort de la maison, il s'en va pas à pas comme s'il n'était pas pressé, parlant à l'un, s'arrêtant pour prendre l'autre dans sa voiture; enfin, avec le tems, il arrive. Les moissonneurs reçoivent du calvanier l'ordre de lier, de la part de leur maître, mais ils veulent finir leur route ou mettre la pièce au carré; en attendant, les calvaniers ou charretiers causent ou se reposent étendus dans le champ. Les moissonneurs se mettent pourtant en train de lier, et les gens les regardent faire; ce n'est qu'au bout d'un certain tems qu'ils se mettent en devoir de faire un dixeau et de le charger. Pour les moissonneurs, ils ne s'inquiètent guère si la voiture se charge; ils continuent à lier, la voiture attend, et ce n'est que sur les instances réitérées du charretier, qu'ils détachent un d'eux pour mettre les gerbes en dixeaux. Après bien des pourparlers la voiture parvient à être chargée; on la comble avec lenteur; on se met en marche, on arrive à la grange. Les calvaniers sont à goûter, les arrivans imitent leur exemple; ce n'est qu'au bout d'un quart-d'heure que la voiture se décharge, et encore comment? A peine s'il tombe une gerbe par minute : il fait chaud, on cause, on s'essuie; il se passe une heure avant que la voiture soit déchargée : elle repart enfin, et arrive dans les champs la nuit fermée, ou est surprise par la pluie.

Qu'on compare la lenteur dont je viens de donner les détails, et qui est néanmoins fort ordinaire, avec l'activité que produit la présence du maître. Qu'on parte sur-le-champ pour aller chercher le blé. Pierre et Jacques, attelez les chevaux; Thomas, trempez des liens pour mettre dans la voiture : allez tous les trois à la pièce en grande hâte. La voiture y arrive, mais le maître y est déjà. Les moissonneurs ont quitté leur ouvrage et attendent les liens; ils lient avec promptitude; Jacques met les gerbes en dixeaux; Thomas les donne à Pierre, qui les met dans la voiture. En moins d'un quart-d'heure, la voiture est chargée et comblée. Elle arrive à la maison, où elle trouve les calvaniers placés pour la décharger; les gerbes tombent comme la grêle : au bout d'un instant la voiture se trouve vide. La servante apporte à boire aux chargeurs et charretiers, qui partent en poste chercher une autre voiture : celle-ci se charge et se décharge avec la même promptitude. On fait trois voitures au lieu de deux, et l'on brave ainsi l'incertitude du tems et l'obscurité de la nuit.

On jugera, par ces deux exemples, combien la présence du maître est nécessaire ; il trouvera mille moyens d'expédier l'ouvrage dans un moment pressé : s'il faut charrier toute la journée, il donne à ses chevaux double portion d'avoine, et une nourriture succulente et prompte à manger, comme de la vesce bien cossue ou du mélange. Faut-il pousser avant dans la nuit? Il leur fait donner l'avoine tout attelés, sur un tonneau, pendant qu'on décharge ; ses gens prennent leur repas tour-à-tour, et de manière qu'il n'y ait aucune interruption dans le travail. Quant à lui, voici deux moyens que je lui indique pour s'épargner beaucoup de fatigues, et en même-tems surveiller par-tout : le premier, d'avoir toujours un cheval de selle prêt à courir où il faut, qui le transporte, en peu de tems, où sa présence est nécessaire, et avec lequel il puisse quelquefois quitter le champ pour revenir à la grange ranimer les déchargeurs par sa présence; le second, avoir quelqu'un de confiance, qui ne quitte pas la grange, pour surveiller l'arrivée et le départ des voi-

tures, faire accélérer le déchargement et regarder
à la montre le moment du départ, pour que le
maître, qui regardera dans les champs le moment
de l'arrivée, sache si on a mis toute la diligence
nécessaire; mais cette surveillance ne saurait être
mieux que dans les mains de la maîtresse, qui
doit alors habiter une chambre d'où elle puisse
voir l'arrivée de chaque voiture, pour se transporter de suite à la grange et en accélérer le déchargement. Il faut sur-tout qu'elle surveille le
déchargeage qui se fera aux lanternes, qu'elle ne
confiera qu'à des personnes sûres qui les tiendront
toujours fermées.

Cette surveillance paraîtra peut-être un peu
dure à notre dame, que je suppose toujours avoir
été élevée à la ville; mais n'est-il pas juste qu'elle
partage un peu les soins du mari exposé à la chaleur du jour et aux intempéries de l'air? Au reste,
je veux abréger, le plus possible, la surveillance
de l'une et les fatigues de l'autre, et leur donner
les moyens d'assurer leur récolte, en diminuant
leurs peines et leurs inquiétudes.

Ier. MOYEN.

Prendre beaucoup de moissonneurs.

On fait presque par-tout la moisson trop lentement, excepté dans les environs de Paris, où

les fermiers prennent une grande multitude de moissonneurs étrangers qui abattent la récolte en quinze jours : on allègue pour raison qu'on ne veut prendre que des gens du pays ; mais combien d'hommes et de femmes qui restent oisifs et aiment mieux glaner que de prendre en main une faucille ? De là cette foule de glaneurs qui inondent les campagnes, et ne peuvent réparer la perte du tems qu'en glanant à travers les javelles, et en coupant les épis de blé. Est-il juste que, pour contenter la cupidité de quelques moissonneurs, on laisse les autres sans occupation ? Si on ne prend que peu de moissonneurs, qu'on leur impose au moins la condition de s'associer leurs femmes ou une seconde personne, au moins quinze jours, lorsque le maître l'exigera, et c'est ce qui s'appelle, dans nos contrées, *coupler*. On peut, pour appaiser les murmures, promettre un peu plus de boisson, et une partie de ses avoines à scier.

Outre l'avantage d'avoir fini promptement, le couplage en procure encore un autre, c'est que les femmes et enfans des moissonneurs ne glanent pas dans les javelles pendant l'absence du maître, et que par conséquent les maris ne laissent pas tomber exprès des épis pour augmenter leur glanage. Quand les moissonneurs savent que ni eux ni leurs femmes ne glaneront pas, ils prennent

beaucoup plus d'attention à ramasser le blé proprement. Aussi, dans le marché qu'on fait avec
eux , il faut absolument leur interdire le glanage.

IIe. M o y e n.

Nombre suffisant de calvaniers et de voitures.

Il faut avoir un assez grand nombre de calvaniers et de charrettes pour enlever et décharger
promptement le grain; or, voici la méthode que
j'indique comme la plus prompte et en même
tems la moins coûteuse : pour les calvaniers, on
les prendra seulement pour un mois, et non pour
six semaines, comme c'est la coutume dans beaucoup d'endroits. La moisson devant être faite tout
au moins dans un mois , vu la grande quantité de
moissonneurs, les calvaniers deviennent ensuite
inutiles ; car, en général, ces sortes de gens
ne sont propres qu'à tasser et à décharger.
Il suffit qu'ils soient à la journée, pour qu'ils
aient mille raisons à alléguer pour ne pas battre
beaucoup : d'ailleurs, ils sont souvent dérangés,
et cela leur sert d'excuse. Prenez donc des calvaniers pour un mois seulement, mais prenez-en
davantage, c'est-à-dire, un tiers plus que de coutume, ce qui ne coûtera pas plus cher, puisque
vous les aurez moins de tems. Après ce mois, ils

sont d'autant moins nécessaires, d'après la méthode que je propose, qu'on s'en sert peu pour les avoines, qu'on fait scier en grande partie par les moissonneurs.

Quant aux voitures, on en aura beaucoup sur pied, c'est-à-dire, deux pour chaque attelée de quatre chevaux, et cela sans grands frais. On arrange des voitures à fumier de manière qu'en les rehaussant des quatre côtés, elles peuvent encore contenir cent gerbes de blé; on se sert aussi très-bien de petites voitures à limon disposées pour cela. Ainsi, je suppose le labour de trois charrues où il y a neuf chevaux; ce sont deux voitures pour la récolte, chacune attelée de quatre chevaux, le neuvième servant à porter le maître où besoin est. Il suffit donc alors, pour doubler les voitures, d'avoir une troisième voiture d'août pour l'une des attelées; pour l'autre, quand sa voiture est arrivée, les deux chevaux de devant s'attèlent à une petite voiture à limon conduite par le troisième charretier; ceux de derrière à la voiture à fumier, disposée comme je viens de le dire : de cette manière, les voitures se succèdent avec rapidité dans la grange ; à peine les chevaux en ont-ils amené une , qu'ils repartent en chercher une autre. Dans un cas pressé, en supposant une demi-lieue de distance de la maison, et donnant une heure et demie de repos aux chevaux,

huit bons chevaux et dix hommes (1) activés,
pour le chargement et le déchargement, par le
maître et la maîtresse, ameneront, depuis cinq
heures du matin jusqu'à neuf heures du soir, seize
voitures de grains, qui, à cent soixante gerbes
seulement par voiture, font deux mille cinq cens
soixante gerbes. Ainsi, en supposant quinze mille
gerbes pour trois charrues, six jours seront plus
que suffisans pour rentrer les blés.

III.ᶜ M O Y E N.

Faire peu de liage.

Pour ménager le tems et avancer davantage,
je conseille aussi de faire lier rarement; quand
on lie, souvent les moissonneurs perdent plus de
tems, parce qu'ils ont ensuite de la peine à se
remettre à l'ouvrage. Il en est de même des calvaniers et des chargeurs : les premiers, quand les
voitures ne se succèdent pas, perdent presque
tout leur tems dans l'intervalle; au lieu que, malgré eux, ils sont obligés de travailler quand la
grange ne désemplit pas : les seconds perdent

---

(1) Ces dix hommes, composés de trois charretiers, cinq calvaniers, un homme de cour et un autre
à la journée, ou même de la servante, car, dans le
mois d'Août, on oublie tout pour serrer les grains,
et on n'épargne personne.

aussi du tems à aller et venir; au lieu que si les voitures se succèdent, ils restent dans le champ pour les charger l'une après l'autre.

Sur la fin de la moisson, quand le tas est haut et qu'il faut plus de monde, on prend, pour quelques jours, deux ou trois personnes à la journée; et voilà encore l'avantage de rentrer son grain promptement et de suite, c'est de ne prendre que peu de tems cet excédant de personnes, dont on ne se peut malheureusement passer.

Tels sont les moyens généraux que nous proposons pour se procurer une récolte prompte et certaine, et commander, pour ainsi dire, au tems et aux orages. Examinons présentement chaque espèce de grain en particulier, et la manière de le récolter avec avantage.

Seigle.

Ce grain est toujours mûr plus de quinze jours avant le pur froment. Pour connaître sa maturité, il faut voir si la paille commence à blanchir et si le grain est sec; car l'épi n'est pas comme celui du blé, il se courbe long-tems avant la maturité du grain : cependant il ne faut pas trop attendre pour le couper, autrement il pourrait verser à cause de sa hauteur; d'ailleurs, la paille, si elle était trop sèche, ne serait pas bonne pour faire des *gluys* (1), qui en sont l'emploi ordinaire. Lorsque le tems est beau, on laisse le seigle deux ou trois jours sur la terre, afin de faire grossir le grain, et c'est ce qu'on appelle *javeler;* si, au contraire, on craint la pluie, il faudra s'empresser de le rentrer, parce que si la paille était mouillée, elle ne serait plus si ferme pour faire des liens. Quand on n'a pu réussir à le rentrer parfaitement sec, il faut mettre les gerbes au soleil avant que de les battre, parce qu'autrement elles deviendraient trop humides et se gâteraient au point de se casser lorsqu'on les emploierait pour lier. Mais le mieux est de rentrer le seigle bien sec; car s'il ne l'est pas, comme on ne peut battre tout sur-le-champ, il arrive qu'il s'échauffe dans le tas. En 1801, où le commencement de la moisson fut très-pluvieux, je fis couper les seigles aussitôt la cessation de la pluie; la paille était sèche, mais le grain était encore un peu mou: aussi, dix à douze jours après la rentrée du seigle, le tas s'échauffa au point qu'il sentait mauvais et qu'il fallut le détasser. C'est une règle générale que

---

(1) On appelle *gluys* une botte d'environ 4 pieds de tour, composée de deux ou trois gerbes de seigle battu qu'on a gluyé, c'est-à-dire, dont on a ôté toutes les pailles courtes. Ce gluys sert à faire les liens, et on rassemble les courtes pailles qui tombent, pour servir de litière aux bestiaux.

tout grain qui n'est pas parfaitement sec, devient moîte dans le tas; celui qui est très-sec devient même un peu humide, dans le moment qu'il jette son feu; à plus forte raison celui qui ne l'est pas y prend-il une humidité qui souvent lui devient pernicieuse.

On doit mettre à part, à la grange, le seigle récolté, de manière qu'on puisse l'avoir pour le battre au besoin. On doit sur-tout séparer le seigle pour semer, qu'on doit laisser beaucoup plus mûrir que l'autre, au risque que le gluys ne soit pas si bon; on en sera amplement dédommagé par la reproduction de la semence. Cette observation est plus utile qu'on ne pense : souvent on coupe le seigle de bonne heure pour avoir de meilleurs gluys, sans s'embarrasser du grain; ce qui fait que la semence vient à manquer, comme dans les deux dernières années, où le seigle est devenu fort cher. Je me suis toujours bien trouvé de la méthode de choisir une semence bien mûre, et je la conseille comme autorisée par l'expérience et par les meilleurs chimistes.

C'est aussi une excellente méthode d'avoir des gluys de l'année précédence, pour les deux tiers au moins de sa récolte. On peut, avec cette précaution, prendre ses calvaniers quinze jours plus tard, ce qui est déjà une grande économie, puisque, comme je l'ai déjà dit, c'est duperie de prendre des calvaniers pour battre. On aura, en outre, l'avantage d'avoir des gluys tout prêts, dont les moissonneurs profiteront pour faire des liens d'avance, soit dans des momens de pluie, soit avant d'entrer en pleine moisson; car, c'est un tems perdu que de faire des liens lorsqu'il faudrait couper les grains, et on se trouve fort embarrassé quand le tems menace et qu'on n'a pas de liens: l'embarras est encore plus grand quand on n'a pas de gluys; les calvaniers battent alors le seigle à moitié pour livrer du gluys; l'ouvrage est mal fait, et on perd un tems précieux pour la rentrée des grains.

Bizaille.

Les bizailles (1) sont bonnes à couper avant ou après les seigles, suivant leur exposition, l'époque à laquelle elles ont été semées, et le plus ou moins de chaleur du tems. L'usage qu'on veut en faire décide aussi du moment de les couper; si on les réserve pour graine, il faut qu'elles soient parfaitement mûres et sèches, et on ne doit pas s'embarrasser beaucoup du fourrage, pourvu que le grain soit bon. En général, il faut garder pour graine celles qui sont semées le plus tard, ainsi

____

(1) Les bizailles sont une espèce de pois gris dont on verra la définition en Mars.

que les moins fortes; celles qui sont semées le plus tard, parce qu'alors on n'est pas obligé d'interrompre les blés pour les aller scier, et qu'on ne regrette pas de les voir sécher et consumer par la chaleur, puisqu'elles ont besoin d'un grand degré de maturité ; les moins fortes, parce qu'il y a moins de perte pour le fourrage. Ordinairement les plus fortes sont celles semées à une seule façon et qu'on destine pour la nourriture des chevaux; il suffit, pour les couper, qu'elles soient moitié mûres, c'est-à-dire, moitié vertes, moitié jaunes; cependant il faut que les cosses soient bien formées, parce qu'autrement le fourrage n'aurait aucune qualité , les cosses en faisant tout le prix.

Il est important de choisir un tems décidément beau pour couper les bizailles, parce qu'il faut un soleil beau et ardent pour les mûrir : aussi, si on est surpris par la pluie, il faut avoir attention de profiter du premier moment de beau tems pour les retourner, de peur que le fourrage ne noircisse et ne se gâte : trois jours d'humidité suffisent pour le rendre poudreux. Si donc on a été dans l'impossibilité de retourner ses bizailles, et que la pluie ait été de longue durée, alors il faut, si le tems redevient beau, changer leur destination en les réservant pour semence, le fourrage ne pouvant plus servir qu'à faire du fumier : par conséquent, il faut les laisser sur la terre jusqu'à ce que les cosses et le grain soient parfaitement secs et jaunes. Une précaution indispensable pour prévenir ce malheur, autant que faire se peut, c'est d'ordonner aux moissonneurs de faire de petits tas, appellés en langue picarde *oviaux;* plus ils sont gros, plus ils s'imbibent d'eau, et plus aussi ils ont de peine à ressuyer; il faut donc tenir la main à ce que les moissonneurs les fassent petits, ce qui n'est pas chose aisée; car ils s'obstinent souvent à les faire gros pour avoir plutôt fait. La surveillance du maître est encore là d'une nécessité indispensable.

Il ne faut pas prendre moins de précautions pour lier la bizaille que pour la couper; si le tems est beau, il faut, au bout de deux ou trois jours, la retourner, afin que le dessus se mûrisse et se jaunisse par la chaleur du soleil. La règle pour la retourner, c'est qu'elle soit bien mûrie d'un côté; et lorsqu'elle l'est également des deux, on la lie. La qualité du grain et le tems décideront du moment favorable. Si le grain n'est pas trop sec, et que le tems soit frais, il faut la lier sur les deux heures après-midi, pour concentrer la chaleur et que le grain conserve son degré de sécheresse. Si, au contraire, le fourrage est plus sec qu'il ne faut parce qu'on n'a pu le lier au moment précis, ou que le tems était extrêmement chaud, alors il faut lier la bizaille aussi-tôt la rosée du matin, ou une heure avant le coucher du soleil ; autrement la chaleur la briserait tellement que toutes les cosses s'ouvriraient et que le fourrage perdrait une partie de ses fanes.

Vesce d'hiver.

La vesce d'hiver est d'un grand produit lorsqu'elle réussit, et il n'est pas rare de récolter, dans un arpent, quatre cens cinquante bottes. Mais, en revanche, elle demande encore plus de précautions que la bizaille ; elle se consomme autant à la chaleur, souffre davantage de la pluie, et ses cosses sont plus sujettes à s'ouvrir. Ce que ces deux grains ont de commun, c'est qu'ils ont infiniment plus besoin de beau tems que les céréales, sur-tout s'ils ne sont pas entièrement mûrs lorsqu'on les coupe ; ce qui est nécessaire si on veut en faire du fourrage. Et voilà pourquoi on se hâte de les couper avant les blés, et de profiter du beau tems pour les rentrer ; c'est une chose extraordinaire qu'on préfère ainsi, tous les ans, la nourriture des chevaux à celle des hommes. Cependant il est presque impossible de faire autrement ; le seul remède c'est de mettre ses vesces d'hiver dans des endroits où leur exposition les fasse mûrir avant ou après les blés, afin de n'être pas obligé d'être partagé par tant d'inquiétudes. Au reste, il faut

diviser la vesce d'hiver comme la bizaille, en vesce
pour fourrage et en vesce pour semence, et proportionner le degré de maturité à l'usage qu'on
veut en faire; les tas doivent aussi être petits, de
crainte que la pluie ne les abreuve au point de ne
pouvoir sécher : cette précaution est encore plus
nécessaire pour la vesce d'hiver, qui boit plus
l'eau que la bizaille, et fait presque comme une
éponge. Il faut donc la retourner promptement
lorsqu'elle a été mouillée, quand on devrait la
retourner plusieurs fois ; ce qui ne l'écosse pas
lorsqu'elle est humide. Les moissonneurs sont, il
est vrai, paresseux de retourner plusieurs fois, et
prétendent ne devoir les retourner qu'une fois;
mais il ne faut pas les écouter, et quand ils l'auront retournée plusieurs fois, pour ne pas leur faire
perdre de tems, on gagnera encore à la faire retourner par les calvaniers, plutôt que de la laisser
gâter. Une observation importante pour tous les
fourrages graineux, lorsque le tems est pluvieux,
c'est, avant de les lier, d'examiner si le dedans
est bien sec; souvent le dessus et le dessous le
sont que le dedans est encore humide; alors il
ne faut pas hésiter de faire ouvrir tous les petits
tas; cela demande du tems, il est vrai, et écosse
même un peu le grain, mais c'est indispensable,
si on veut le récolter bon; autrement il est presque impossible qu'il sèche parfaitement, à moins

d'un beau tems, qu'on attend quelquefois en vain,
et il arrive même alors que le combat de l'humidité avec la chaleur produit une espèce de noir-
ceur qui fait gâter le grain. Mais, je le répète,
toutes ces précautions ne doivent être prises que
dans le cas d'un tems constamment pluvieux, et
c'est toujours une dure nécessité que de retourner
plus d'une fois.

Dans quelques endroits, on a l'habitude de
laisser faucher les vesces par les moissonneurs;
ce qu'ils aiment beaucoup mieux, parce que cela
est bien plutôt fait, mais aussi le grain s'écosse
alors bien davantage. Il ne faut donc permettre
de le faucher que quand il est peu fort ou rempli
d'herbe : il faut sur-tout s'y opposer pour le grain
destiné à semer, qui, étant plus mûr, s'écosse
plus aisément et ne se bat jamais si bien lorsqu'il
est fauché, parce que les cosses se trouvent de
tout' sens dans les bottes et souvent enveloppées
d'herbes. On ne fauche pas les bizailles parce
qu'elles sont trop hautes et ne se traînent pas à
terre comme les vesces; cependant, lorsqu'il arrive qu'elles sont absorbées par l'herbe, et que
par conséquent elles ne sont pas fortes, il y a
plus de profit à les faire faucher, parce qu'on
coupe l'herbe avec, ce qui fait un excellent fourrage; bien entendu que ce n'est que pour celles
qu'on ne choisit pas pour la semence, qu'on doit

toujours récolter sans aucun mélange. Quelquefois le fourrage des bizailles et vesces destinées
pour semence , paraît se réduire et se consommer par la chaleur, qui réellement en diminue
la quantité; mais aussi , lorsqu'on l'a coupé, le
fourrage ne fraie presque plus, et deux jours au
plus de beau tems suffisent pour le rentrer; au lieu
qu'en le coupant moitié vert, moitié sec , on le voit
frayer de près de moitié , et il a besoin souvent
de plus de huit jours pour être parfaitement sec.

Lentilles.

Ce grain ne demande pas tant de précautions
que les précédens ; comme il est moins épais, il
mûrit plus aisément et tout à la fois; ce qui n'arrive guère aux bizailles et vesces, dont une partie quelquefois se pourrit, tandis que l'autre est
encore toute verte. Presque toujours on le fauche,
parce qu'il vient rarement assez haut pour être
scié, et on n'attend pas une parfaite maturité, afin
qu'il ne s'écosse pas; si cependant on le réservait
pour graine , il vaudrait mieux employer la faucille.

Blé.

Le grain le plus nécessaire à l'homme est en
même tems le plus facile à récolter, et celui qui
lui apporte le plus de profit. Aussi-tôt qu'il est
mûr, on peut le couper, le lier, le rentrer, le

battre et le manger ; est-il mouillé, quelques heures de soleil suffisent pour le ressuyer. Le cultivateur doit donc souvent attribuer à son avidité ou à sa négligence, s'il ne le rentre pas dans le degré de bonté nécessaire. Le blé est-il mûr ou sec, on ne le trouve pas assez gros ; on le laisse un tems considérable sur terre pour le faire renfler, et on s'expose ainsi à tout perdre. Le tems paraît-il décidément au beau, on se tranquillise ; et au lieu de se hâter, on s'amuse à couper des grains qui ne pressent nullement ; on perd beaucoup de tems, dans la journée, à se reposer, et le mauvais tems vient avant qu'on ait enlevé ses blés. Car, les pluies ne sont pas le seul fléau à craindre pour eux ; il vient souvent des vents impétueux qui les écossent quand ils sont fort mûrs. On se presse alors de les couper, et on oublie mille précautions nécessaires pour la bonté du grain. Prenons donc un juste milieu entre l'avidité et la négligence, entre une trop grande sécurité et une précipitation dangereuse. Les avis que je vais donner fourniront, j'espère, les moyens de récolter sûrement ce grain précieux.

Quand il faut couper le blé.

Lorsque le tuyau est bien blanc, que l'épi fait le crochet, que le grain est bien sec et croque sous la dent, c'est alors qu'il faut couper le blé ;

cependant il ne faut pas attendre toutes ces qualités pour le premiers blés, parce qu'on ne peut
les couper tous le même jour, et que si l'on dif-
férait, les derniers seraient si mûrs qu'ils se cour-
beraient et fonderaient, pour ainsi dire, peu-à-
peu, sur-tout s'ils étaient forts : d'où il résulterait
deux inconvéniens; on ne pourrait lier le blé sans
casser une partie des tuyaux, ni le charger sans
écosser le grain, comme il arrive souvent dans
les années de sécheresse ou de grands vents. Il
faut donc moins exiger des premiers, pour ne pas
perdre les derniers ; mais, en revanche, avoir
soin de les laisser sur terre cinq ou six jours, si
le tems est beau; c'est ce qu'on appelle *laisser
javeler le blé*, dont le grain se mûrit, grossit et
fructifie par les rosées bienfaisantes de la nuit.

Certains cultivateurs tombent dans un défaut
opposé; ils coupent leurs blés presque tout verts,
afin que le grain soit plus gros et ait plus de couleur. Mais cet avantage n'est rien en comparaison
de la perte qu'ils éprouvent sur le battage, le grain
sortant difficilement de la cosse, et se brisant
même quelquefois plutôt que de la quitter. Columelle, en recommandant qu'on ne laisse pas trop
durcir le grain, pour qu'il ne devienne pas la
proie des oiseaux et des vents, veut qu'on ne
mette la faucille que dans les champs jaunis par
le soleil. Nous pensons aussi, comme lui, que le

blé se perfectionne et s'améliore dans les granges. *Ut potiùs in acervo quam in campo grandescant frumenta* (1).

Les blés méteils étant les premiers mûrs, on doit commencer par eux et finir par les blés purs. Cependant, si le tems est incertain, on ne doit pas attendre si tard à couper les blés purs, qui méritent toute l'attention du cultivateur, parce qu'ils ont plus de valeur que les autres. Dans les blés méteils, le seigle est toujours mûr huit jours avant le blé; ce n'est pas une raison de les couper plutôt, parce qu'il faut que le blé ait aussi son degré de maturité. Les blés en côte exposées aux vents, doivent aussi être coupés les premiers, parce qu'ils sont plutôt mûrs, et plus en danger d'être versés et écossés. Au contraire, ceux qui sont dans les fonds doivent être laissés pour les derniers, sur-tout s'il règne de grands vents, et que néanmoins le tems soit au beau; car, s'il était incertain, il faudrait les débarrasser promptement, parce que, en cas de pluie, ils seraient plus long-tems que d'autres à ressuyer, et plus difficiles à charrier. On doit aussi avoir soin de se débarrasser d'abord des petites pièces séparées, et de celles qui avoisinent un champ déjà moissonné ou qu'on moissonne, afin de les soustraire à l'avi-

____

(1) Columelle, liv. 21.

dité des glaneurs, qui sont toujours tentés d'approcher des blés où ils ne trouvent personne pour arrêter leurs incursions.

Comment il faut scier le blé.

Cet article important fait le tourment du cultivateur. Les moissonneurs, pour ne pas tant se fatiguer et avancer davantage, scient les blés fort haut, mènent une route trop étendue, c'est-à-dire, ne posent le blé par terre que quand ils en ont beaucoup dans la main. De cette manière, ils laissent beaucoup d'épis, qui tombent parce qu'ils ne sont pas soutenus par la paille, qu'ils couperaient s'ils sciaient plus bas, ces épis étant presque toujours des épis tardifs, dont le tuyau est par conséquent très-bas et à peu de distance de terre. Il tombe aussi beaucoup d'épis de leurs mains, qui ne peuvent contenir tout le blé, et par conséquent en laissent échapper; ils ont beau soutenir leur poignée avec la faucille, l'épi tombe et reste sur le champ. Plus ils scient bas, plus ils se fatiguent, parce qu'il faut se courber davantage; cependant cela est indispensable pour éviter une grande perte.

La paresse n'est pas le seul motif des moissonneurs pour scier haut; dans les endroits où l'on couvre en chaume, ils y sont encore engagés par l'intérêt qu'ils ont à avoir davantage de chaume, l'usage étant de leur en donner une partie. Mais on peut les en corriger, en les menaçant de ne pas leur donner la pièce où ils en auront fait beaucoup ; et, si leur négligence est générale, en leur donnant une part beaucoup plus petite.

Ce doit donc être une des principales occupations du cultivateur pendant la moisson, que de surveiller la manière dont le blé est scié. Il doit d'abord regarder s'il est scié bas, et, s'il est trop haut, exiger qu'on scie plus bas ; se promener ensuite dans chaque route, examiner s'il y a beaucoup d'épis à terre, et gronder ceux qui en laissent le plus tomber. Il y a toujours des gens plus maladroits et plus paresseux que les autres, et il faut les réprimander, pour louer ceux qui font bien, et les leur proposer pour modèles. Il est d'autant plus nécessaire de savoir distinguer les bons ouvriers d'avec les mauvais, que cela est utile pour l'année suivante, où l'on aura soin de se défaire des maladroits, des incorrigibles, des mutins qui refusent d'obéir et gâtent ceux qui veulent bien faire.

On met quelquefois peu d'importance à la manière de scier, ou, si l'on en met, on se laisse aller par bonté pour les moissonneurs, et parce qu'on se lasse de redire inutilement la même chose. Cependant on prendra des moyens plus sérieux pour faire cesser cet inconvénient, si on se persuade quel tort on éprouve quand le blé est scié trop haut et mal ramassé. Pour s'en convaincre, on n'a qu'à examiner que les petits propriétaires qui scient leurs blés eux-mêmes, ont bien plus de gerbes que ceux qui le font faire par des mains étrangères. Dans les commencemens j'étais surpris de voir récolter infiniment plus que moi dans une pièce voisine de la mienne, et je ne pouvais en deviner la raison. Je l'ai apprise depuis ; c'est que les petits propriétaires faisant leur ouvrage eux-mêmes, scient leurs blés avec toute la précaution possible. Et comment pourrait-il se faire qu'il y eût peu de perte pour nous, quand on considère la quantité d'épis qu'emporte un glaneur ? J'estime qu'il ramasse aisément au moins un 6e. de gerbe dans un arpent coupé suivant la méthode ordinaire ; car il ne faut pas qu'une botte d'épis glanés soit bien forte pour valoir le 6e. d'une gerbe, parce qu'il n'y a pas de paille, et que les épis sont serrés les uns contre les autres. En supposant donc quarante glaneurs dans un arpent de terre, à un 6e. de gerbe chacun, c'est environ sept gerbes par arpent. Ainsi un propriétaire de cent arpens en blé perdrait tout de suite sept cens gerbes, qui lui font environ vingt sacs (1) ; et voilà comment les plus petites négli-

____

(1) Ce calcul ne paraîtra pas exagéré, si on considère qu'un habile glaneur ramasse dans la moisson,

gences coûtent prodigieusement aux cultivateurs. Le profit du glaneur est encore plus considérable lorsque le blé est coupé haut et avec négligence, puisque j'ai basé mon calcul d'après les sciages ordinaires. La perte serait beaucoup plus grande encore, si les blés étaient fort versés ou mêlés par les vents. Je conseille donc de faire la plus grande attention à la manière de couper le blé, et je n'ai que trop éprouvé combien cela est essentiel.

Liage du blé.

Il faut laisser le blé en javelle plus ou moins suivant les circonstances. S'il y a de l'herbe, il faut absolument qu'il reste sur terre, afin que le soleil fane et flétrisse entièrement l'herbe, qui autrement gâterait toute la paille, et lui donnerait un mauvais goût. On doit avoir cette précaution, quand même le tems serait incertain; car il ne peut rien arriver de pire au blé que d'être gâté, et il le serait certainement, si l'herbe n'était pas morte. C'est une maxime qu'on doit

---

c'est-à-dire environ dans vingt-quatre jours, un sac de blé de trois cens pesant, ce qui fait un demi-boisseau par jour, en comptant douze boisseaux au sac. Ce demi-boisseau est le produit d'une gerbe et demie à trente-six gerbes par sac. Or, quel est le glaneur qui ne ramasse pas par jour une gerbe et demie dans neuf arpens, en ne prenant que son quarantième ?

toujours suivre, que de ne jamais rentrer de grain qui ne soit pas bon, parce qu'alors il n'y a pas de remède. Tant qu'il est dans les champs, on peut toujours espérer, et une journée de beau tems suffit pour guérir le mal de plusieurs journées désastreuses, ou au moins pour y apporter quelques adoucissemens ; au lieu que, lorsqu'il est dans la grange, il n'y a plus rien à faire, et l'on a la douleur de le voir gâter sans ressource. Prenez donc à tâche de rentrer toujours votre grain le meilleur possible. Il n'y a qu'un cas où l'on puisse hasarder de rentrer le blé sans que l'herbe soit entièrement morte, ou que le grain soit parfaitement sec ; c'est lorsque le tems est tellement dérangé qu'il est à craindre que le blé ne germe sur terre. Dans ce cas, il faut l'emporter tel qu'il est, sur-tout si la quantité n'est pas trop considérable pour qu'on puisse la mettre au milieu d'un tas de blé parfaitement sec. Alors la chaleur du blé de dessus et de dessous dissipe promptement l'humidité ; et c'est l'attention qu'il faut avoir pour tous les blés qu'on ne peut rentrer parfaitement secs, à plus forte raison lorsqu'on est surpris par la pluie pendant le liage ou le transport.

Lorsque le blé est très-sec, et que les grandes chaleurs le dessèchent encore, il faut le laisser javeler cinq ou six jours, sans trop compter cependant sur le beau tems ; car il arrive presque toujours qu'un tems constamment beau pendant une longue suite de jours, est suivi de pluies continuelles qui gâtent et font germer le blé, comme il est arrivé en 1800, où les blés étant miélés et le tems fort sec, la majeure partie des cultivateurs laissèrent leurs blés sur terre pour les laisser grossir. Au milieu de la moisson, il survint une pluie si continuelle, que les blés germèrent non-seulement à terre, mais même sur pied. L'année suivante fut toute opposée ; les commencemens de la moisson furent dérangés par un orage si fort, qu'il fit germer le blé au bout de trois jours de sciage. Le tems s'étant remis, les malheurs de l'année précédente engagèrent à enlever le blé presqu'aussi-tôt qu'il était coupé, en le laissant tout au plus vingt-quatre heures sur terre. On ne peut donc donner de précepte sur le tems qu'il faut laisser javeler le blé; je conseille seulement de ne pas imiter la cupidité de ceux qui, voulant trop gagner, s'exposent à tout perdre, en laissant par terre une grande quantité de blé. Si les pluies viennent, ils se trouvent dans une vive inquiétude ; si ensuite il survient quelques momens favorables, ils manquent de bras, de chevaux et de tems pour rentrer leur blé ; et après avoir été trop difficiles pour l'enlever, ils se voient contraints quelquefois de le ser-

rer tout mouillé. La prudence défend de trop exposer et de défier, pour ainsi dire, la Providence :
les blés ont-ils besoin de rester en javelles pour
grossir et profiter, laissez-en au plus le quart sur
terre, n'en coupez pas d'autre que celui-là ne soit
rentré ou sur le point de l'être. N'attendez pas
qu'il soit excessivement grossi pour le rentrer ;
contentez-vous qu'il soit bien rond et bien nourri,
qualité qu'il acquerra au bout de cinq ou six jours
qu'il aura été sur terre, par la fraîcheur de la nuit
et l'abondance des rosées ; alors vous aurez du
bénéfice à le rentrer ; et s'il n'est pas aussi gros
qu'il pourrait l'être, au moins il sera bien sec et
de bonne qualité, sur-tout si vous prenez les
précautions nécessaires pour le lier.

De la journée où il faut lier.

La qualité du blé et le tems doivent encore
décider du moment de la journée où il faut lier.
Si le blé n'est pas entièrement sec, si le tems est
frais, et qu'on soit néanmoins contraint de l'enlever, alors il faut le lier pendant la chaleur du
jour, afin qu'il se conserve sec. Il faut choisir un
autre moment, si le tems est chaud et le blé très-
sec ; pour éviter qu'il ne se casse, il faut le lier
le matin, aussi-tôt la rosée, jusqu'à neuf heures,
ou le soir au plutôt une heure avant le coucher
du soleil ; il faut aussi avoir attention de ne pas

le charrier pendant la grande chaleur, de peur qu'il ne s'écosse en le chargeant et dans le transport.

Pour que les gerbes soient bien liées, il faut qu'elles ne soient pas trop fortes, mais bien serrées et égales, autant que faire se peut. C'est un défaut ordinaire aux moissonneurs de ne pas assez serrer leurs gerbes; il arrive de là qu'elles se délient sur le tas, et laissent ainsi une ouverture aux souris, qui coupent le blé et en perdent encore plus qu'elles n'en mangent.

Glanage.

Il serait à desirer que les autorités constituées fissent observer rigoureusement les lois sur le glanage, qui défendent de glaner avant que le grain ne soit enlevé; ce serait un grand avantage pour le propriétaire, qui ne serait pas obligé de soutenir une guerre continuelle et accablante contre les glaneurs; au moins faut-il les obliger à n'entrer dans le champ que lorsque les gerbes sont en dixeau. Quelquefois ils se permettent d'y entrer aussi-tôt qu'on lève la première gerbe; d'où il résulte un grand désordre, les glaneurs se mêlant avec les moissonneurs et profitant de cette confusion pour tirer des épis des gerbes. Mais ce qui est encore plus essentiel, c'est d'avoir soin qu'ils n'entrent jamais dans les javelles; il faut le défendre expressément aux moissonneurs, les surveiller au moment qu'ils ne s'y attendent pas, principalement pendant le repos du midi, et dans les champs où les moissonneurs ne sont pas.

Arrangement des gerbes dans la grange.

Les gerbes doivent être bien serrées l'une contre l'autre, pour ne laisser aucun jour aux souris. Tous ne savent pas également bien tasser, aussi faut-il choisir un homme fort et vigoureux, qui soit au fait de bien placer et serrer les gerbes. Ce sera toujours le même homme qui les tassera, afin qu'elles soient placées d'une manière uniforme, et que l'on ne puisse s'en prendre qu'à un seul, si les choses sont mal faites. Ces précautions demandent un peu plus de tems; aussi, lorsqu'on est pressé, doit-on décharger les gerbes sur le devant de la grange, où les déchargeurs les prennent ensuite pour les donner au tasseur.

Les différentes espèces de blé ne doivent pas être confondues ensemble, mais être mises chacune à leur place. J'en distingue de cinq sortes, seigle, blé-méteil, blé-muison, blé pur, blé pur de semence de première qualité. Si donc on a plusieurs granges, chacune aura sa destination; et si une seule contient plusieurs sortes de blés, on la divisera en autant de séparations qu'il sera nécessaire. Ainsi, on mettra pardevant du seigle, ensuite du blé-méteil, puis du blé pur, ayant soin de mettre, toujours en avant, le blé le moins précieux; car, comme le plus éloigné s'écosse toujours sur celui de devant, sur lequel on est obligé de le passer, on sent que le méteil gâterait infailliblement le pur, si on le mettait au dernier rang.

Rentrée du mai.

Lorsqu'on rentre la dernière voiture de blé, c'est l'usage de mettre au haut une grosse branche verte entrelacée de bouquets, en signe de réjouissance. La gaieté et la joie président d'ordinaire à cette cérémonie, plus ou moins brillante suivant les endroits; mais toujours intéressante pour le moissonneur, à qui elle fait oublier promptement ses sueurs et ses fatigues; bien plus intéressante encore pour le propriétaire, qui voit avec satisfaction ses inquiétudes finies, ses richesses assurées. Quelle joie fut plus pure! quelle joie fut plus méritée! Non, je le répète, je ne puis la comparer qu'à celle du pilote qui annonce la terre à son équipage; tous ensemble font retentir les côtes de leurs acclamations.

La fête n'est pas pour les moissonneurs seuls; les glaneurs y participent aussi, et on leur donne ordinairement quelques gerbes de blés : c'est une aubaine qu'on ne doit pas leur refuser, plutôt par crainte que par récompense; trop de sévérité ferait des mécontens, et engagerait les méchans à couper du blé la nuit, comme cela arrive quelquefois. De tous tems, il a fallu faire la part des voleurs; et Olivier disait ingénûment :

> Qu'avec larrons
> Convient de faire nos moissons.

SECTION DEUXIÈME.

Culture des terres pendant le mois d'Août.

Les occupations du cultivateur ne se bornent pas à la rentrée de sa récolte; tous les soins, toutes les peines qu'elle exige ne doivent pas lui faire oublier celle de l'année suivante : plus le tems des semences avance, plus il est intéressant de bien préparer la terre. Il doit donc employer à la culture tous les instans que lui laisse la rentrée de ses grains, et doit être avare d'un loisir qu'il eût négligé dans toutes autres circonstances. Lorsqu'il fait beau pendant la moisson, le cultivateur joint à l'avantage de perdre beaucoup moins de tems à la rentrée des grains, celui de pouvoir donner aussi à sa culture un tems plus suivi. Les terres mêmes en exigent beaucoup moins; la chaleur, consumant l'herbe, les conserve en bon état, et ne donne d'autre soin que

celui de faire tranquillement le troisième labour.
Il n'en est pas de même lorsque la saison est pluvieuse; il faut se déranger à chaque instant pour
la rentrée des grains ; quelquefois même le tems
est si inquiétant, qu'il faut que la voiture ne
quitte pas les moissonneurs, pour transporter le
blé aussi-tôt qu'il sera bon à lier; cependant les
pluies continuelles font verdir les terres; elles
soupirent après la charrue et la herse : plus on
retarde, plus le mal gagne; mais il est impossible d'y remédier. Tous les momens de beau
tems sont destinés à la rentrée des grains; on en
perd beaucoup pour les charrier, parce qu'on
profite d'un rayon de soleil pour aller les chercher, et que néanmoins la pluie oblige quelquefois de rentrer avant même que d'être arrivé au
champ. C'est ainsi qu'une perte amène une autre
perte, et qu'un tems désastreux, en ruinant la
récolte présente, fait encore trembler le cultivateur pour la future. Son activité peut seul remédier à tant de maux. Ses domestiques et ses chevaux, s'il sait en tirer parti, lui feront remporter
de grandes victoires sur le tems; les premiers,
persuadés de la nécessité de redoubler de travail,
et attachés à leur maître, feront les plus grands
efforts, sur-tout si on sait les apprécier et les récompenser à propos; pour les seconds, quelques
grains d'avoine de plus leur donneront un cou-

rage infatigable. Oh! que ceux-là connaissent peu le cheval, qui proposent de substituer le bœuf à cet animal incomparable! Que faire du bœuf et de son pas lent, lorsque les travaux pressent? Vous avez beau l'aiguillonner, son pas est toujours tardif. Comparez-le avec le cheval; celui-ci quitte le harnais; mais le tems presse, il faut repartir; une poignée de fourrage, une mesure d'avoine, lui rendent ses forces et son courage : il part aussi vîte que l'éclair; la voix seule de son conducteur l'anime et le dirige. Mais où m'emporte mon amour pour le plus utile des animaux? Retournons à notre charrue, décrivons ses travaux.

Culture de la terre.

C'est sur-tout dans le mois d'Août qu'on doit faire usage de la herse de fer, lorsque le transport des grains empêche de continuer les labours. Quelquefois on se réjouit qu'ils soient fort avancés; mais ce n'est pas toujours un avantage : car, s'il vient ensuite de fortes pluies, la terre peut éprouver deux maladies; celle de se battre fortement, ou celle de pousser trop d'herbe, ce qui est également l'effet des grandes pluies, les pluies douces et longues faisant produire de l'herbe, et les pluies abondantes battant la terre. Pour éviter ces inconvéniens, il ne faut pas, comme je l'ai dit en Juillet, donner trop tôt le troisième labour aux terres qu'on doit semer à la charrue. Mais, dira-t-on, s'il pousse de l'herbe après ce labour, on peut y remédier en labourant la terre de nouveau. Mais, 1°. on n'a pas souvent le tems de donner un labour de plus; 2°. il y a souvent de l'inconvénient à donner plus de quatre labours; j'en ai fait l'essai, et j'ai éprouvé que la terre rapportait bien en blé, mais que la récolte en mars était inférieure à celle des terres moins labourées. Cela peut varier suivant les localités; une terre légère (et c'est le sentiment de Valérius) n'ayant pas autant besoin d'être labourée qu'une terre compacte; mais toujours est-il vrai que la trop grande fréquence des labours épuise la terre, dont elle absorbe promptement tous les sucs et toute la fertilité. L'expérience confirmera ce que j'avance, et fermera la bouche à bien des raisonnemens inutiles.

D'après ce principe, je conseille, quand les terres deviennent trop vertes, de les herser deux ou trois fois par beau tems, pour arracher l'herbe, ou du moins en arrêter les progrès; il arrive souvent, je l'avoue, quand il vient, de tems en tems, de la pluie, que tous les moyens possibles sont inutiles pour remédier à l'abondance de l'herbe, et c'est ce qui est arrivé en 1801, où l'herbe poussait derrière la charrue : alors il faut attendre que la nature se guérisse d'elle même. Presque tou-

jours après ces tems de pluie, il vient un tems sec
et favorable pour donner le dernier labour. L'herbe
se brûle alors au soleil, et ne pousse plus, de manière que la terre reste en bon état. Il est vrai que
souvent les pluies ont rendu la terre si dure qu'elle
se taille par grosses mottes, au lieu de se réduire
en petites molécules ; mais cela ne doit pas effrayer le cultivateur : il saura profiter de la première petite pluie pour casser les mottes avec la
herse et le rouleau.

Semence des navets.

Si l'on veut semer des navets, et qu'on ait une
terre propre pour cela, c'est-à-dire, sablonneuse
ou au moins très-légère, il faut les semer aussi-tôt
la récolte de seigle ; on en renfouit le chaume
avec la charrue, puis on herse la terre de manière
à la rendre en poussière ; après quoi on sème, le
plus clair possible, la graine qu'on recouvre ensuite avec la herse et le rouleau.

Semence de trèfle.

On peut aussi semer du trèfle après le seigle,
en ayant soin de bien préparer la terre. Souvent
ces trèfles réussissent mieux que d'autres, ayant
le tems de faire leur pied pendant l'hiver, et étant
déjà forts quand ceux qu'on sème au printems
suivant, sortent à peine de terre.

Parc.

Les grandes chaleurs enlèvent et consomment tous les sels du parc. Si donc les travaux d'Août ne permettent pas de le renfouir, il faut au moins le herser; ce qui ne demande pas beaucoup de tems, puisqu'on peut le faire avec un seul cheval et par petite quantité.

Fumiers.

Les fumiers mis à la troisième raie ne réussissent pas en général, parce qu'ils n'ont pas le tems de pourrir et de s'incorporer à la terre; cependant, si on n'a pu fumer toutes ses terres et qu'on ait du fumier pourri, qu'on le conduise dans les premiers jours d'Août, avant de donner la troisième façon; les pluies qui surviennent quelquefois en automne, activent ces fumiers, qui sont toujours utiles dans les terres caillouteuses, qu'ils rendent légères.

Seconde coupe de luzernes.

Les luzernes doivent être coupées pour la seconde fois, dans les premiers jours d'Août, afin de pouvoir repousser une troisième coupe, ou au moins un regain pour la pâture des vaches (1).

______

(1) Voyez, en Juin, la manière de faner la luzerne.

Basse-cour. — *Volailles.*

Le mois d'Août est aussi intéressant pour la maîtresse que pour le maître. Si l'année a été heureuse, si ses soins ont réussi, elle a le plaisir de voir sa cour remplie de jeunes élèves. Déjà les jeunes coqs se font la guerre et avertissent de terminer leurs querelles, en détruisant le germe de leurs amours. Conservez les plus beaux, et sur-tout les plus haut montés sur jambes. Un coq doit avoir un beau plumage, une belle encolure, de longues pattes, une démarche fière et imposante, un chant mâle et vigoureux. Il n'en faut qu'un pour quatorze poules ; ainsi il est inutile et même dangereux d'en laisser davantage. Si on n'a pu réussir à élever des dindons, ou qu'on n'en ait qu'une petite quantité, c'est dans les premiers jours d'Août qu'il faut en acheter : ces dindons, ainsi pris au commencement de la moisson, se nourriront de tous les grains qu'on rentrera, et profiteront en peu de tems. Il y a souvent plus de profit à les acheter alors qu'à les élever, sur-tout dans les pays où il n'y a pas d'herbages, et qui ont par conséquent peu d'abris : ces animaux y sont difficiles à élever, meurent souvent avant que d'avoir poussé leur rouge, et alors on perd tous les soins et la nourriture qu'ils ont coûté. Qu'on n'oublie pas de plumer les oies, qui doivent être plumés tous les deux mois dans la belle saison ; ceux de l'année sont déjà forts et ne doivent pas être oubliés.

Vaches.

Il faut commencer en Août à faire ses provisions de fromages salés, de beurré salé et fondu. Les vaches donnent plus de lait, parce qu'elles vont dans les champs nouvellement récoltés, et que d'ailleurs les secondes coupes procurent du beurre plus excellent que les premières. C'est aussi le tems de mener les vaches dans les regains de sainfoin, qu'on peut faire manger deux fois, au premier Août et à la fin de Septembre : rien ne procure un lait plus abondant et de meilleure qualité, que ce regain. Pour en tirer plus de profit, il faut avoir soin de ne le faire pâturer que peu à peu ; de cette manière tout se trouve mangé, et une partie repousse tandis que l'autre nourrit le troupeau.

Cochons.

Il est bon d'avoir, pendant la moisson, de petits cochons, qui ramassent le grain et coûtent peu à nourrir ; par conséquent, si les truies sont en retard, et que la portée ait manqué, il faut en acheter, et on les revendra avec avantage vers la mi-Novembre.

13 *

Mois de Septembre.

Ne quitte point le soc, hâte-toi, les tempêtes
Vont verser les torrens suspendus sur nos têtes.
Georg. de Del. liv. I.

La récolte des blés est finie, mais les plaines sont encore couvertes de grains : les avoines et les orges forment une seconde moisson, moins intéressante, il est vrai, mais aussi bien moins pénible. Déjà le cultivateur commence à respirer ; sa présence n'est plus nécessaire dans les champs que pour faire lier, et il n'est pas inquiété, à chaque instant, par la pensée qu'une horde de glaneurs profitent de son absence pour envahir ses moissons. Qu'il vaque donc un peu aux occupations de l'intérieur, qu'il se repose en examinant ses granges et greniers, et mettant tout en ordre. Quelques momens de surveillance suffisent présentement pour combler entièrement ses vœux. Courrons aux avoines, et montrons la manière d'en assurer la récolte.

Avoines.

Les avoines se coupent ordinairement vers la mi-Août ; et si je n'en ai pas encore parlé, c'est que j'ai voulu donner de suite les instructions nécessaires pour ce grain. Deux sortes d'instrumens pour couper l'avoine, la faulx et la faucille : il y a des avoines si fortes, qu'on ne pourrait les faucher ; alors on est obligé de les faire scier ; cependant j'en ai fait faucher souvent de très-fortes ; et en y mettant un peu plus de tems, on a très-bien réussi. Les partisans de l'avoine sciée prétendent que leur méthode a plus d'avantages, en ce qu'elle écosse moins le grain et rend plus à la gerbe. Je réponds que le sciage coûte beaucoup plus que le fauchage, puisqu'on donne, pour scier l'avoine et la lier, 6 liv. par arpent, tandis que, de l'autre manière, elle ne coûte pas 3 liv. Voilà donc moitié de dépense de plus ; or est-il constant que l'avoine sciée couvre cet excédant ? C'est ce qui n'est nullement prouvé ; car je crois bien que de l'avoine fauchée à la tâche et sans précaution, s'écosse beaucoup et éprouve un grand déchet(1); mais il n'en est pas de même de l'avoine qu'on fait faucher par un calvanier adroit qui fait attention à ne pas l'écosser, et qu'on n'envoie ni

---

La différence des avoines sciées et des avoines fauchées sans les précautions que j'indique, s'apperçoit clairement en Octobre, ou après de petites pluies : il pousse du regain d'avoine dans les routes de fauchage, tandis qu'il n'en pousse pas ou très-peu dans les avoines sciées, sur-tout si elles n'ont pas été retournées, et qu'elles aient été liées à la fraicheur.

dans les grands vents ni pendant la grande chaleur. Il est certain que l'avoine, lorsqu'elle n'est pas entièrement mûre, ne s'écosse pas ou au moins fort peu, si elle est fauchée de grand matin, et qu'on quitte à dix heures. L'avoine sciée paraît quelquefois rendre plus à la gerbe, parce que cette gerbe est toujours plus courte, et contient par conséquent moins de paille et plus de grains. L'avoine fauchée est, au contraire, plus longue, parce qu'on coupe toujours plus bas à la faulx qu'à la faucille. Il ne faut pas croire non plus que l'avoine sciée ne s'écosse pas lorsqu'elle est maniée par des moissonneurs, qui ont toujours intérêt d'expédier. Il est donc constant d'abord que l'avoine fauchée procure beaucoup plus de fourrage, comme je l'ai éprouvé moi-même dans la même pièce de terre, dont la partie fauchée a fait trois cens à l'arpent, et la partie sciée deux cens quarante seulement.

Le moment où l'avoine fauchée s'écosse le plus, c'est lorsqu'on la ramasse avec des râteaux, pour la mettre en petits tas, et ensuite la lier ; mais elle ne s'écosse pas lorsqu'on le fait avec précaution, qu'on fait de très-petits tas, et qu'on la ramasse à la rosée ; d'ailleurs, quand il s'en écosserait un peu, on en est dédommagé, parce que l'avoine fauchée grossit plus sur terre que l'avoine sciée, étant beaucoup plus étendue, et prenant par con-

séquent plus l'humidité. L'avoine fauchée a aussi
l'avantage de se sécher plutôt, et d'être moins
sujette à germer lorsqu'il fait de grandes pluies ;
car, dans ce cas (et c'est ce qui n'arrive que trop
souvent), l'avoine sciée, à cause de son épais-
seur ne peut sécher sans qu'on la retourne, quelquefois même à plusieurs reprises, et alors on
sent combien elle doit s'écosser, combien la perte
est plus considérable que celle de l'avoine fauchée.

Après avoir établi les avantages et les désavantages de chaque méthode, voici mon opinion :
faire faucher les avoines médiocrement fortes,
sur-tout si on a de bons calvaniers, qu'on aura
soin de n'y envoyer que jusqu'à dix heures du
matin ; faire scier les avoines fortes, mais bas,
car autrement on perd beaucoup de fourrage.

Moment de couper les avoines.

Les avoines qu'on fauche ne doivent pas être
attendues jusqu'à leur dernier point de maturité,
afin qu'elles ne soient pas écossées par la faulx ;
il suffit que le grain soit noir, bien formé, la
grappe un peu jaune, et la paille moitié jaune,
moitié verte. On peut attendre un plus grand degré de maturité pour les avoines qu'on fait scier ;
il ne faut pas cependant trop différer, car très-
souvent, à la fin d'Août ou au commencement
de Septembre, il s'élève de grands vents qui

écossent l'avoine avec d'autant plus de perte, qu'elle est plus mûre, et que ce grain ne tient pas dans la grappe. Il y a un excès contraire, c'est celui de couper l'avoine toute verte : le grain n'étant pas encore formé, elle a beau rester sur terre, elle ne rend que de la paille lorsqu'on la bat.

Liage des avoines.

L'avoine est le grain qui craint moins la pluie, et germe moins aisément; on ne risque donc rien de la laisser long-tems sur terre, ce qui lui est nécessaire pour la faire grossir. Quand il ne pleut pas et qu'il n'y a que de fortes rosées, on la laisse au moins quinze jours, pour la rentrer tout ensemble en deux ou trois jours. De cette manière, les chevaux sont moins dérangés, et on prend moins long-tems du monde; cette promptitude a aussi l'avantage que l'avoine est mieux tassée, le tas se formant sans interruption. Lorsqu'il est entièrement fini, il ne faut pas oublier de le couvrir de gerbes battues, serrées l'une contre l'autre, afin que le feu de l'avoine monte dans ces gerbes et que le grain ne se gâte pas, comme il arrive presque toujours quand on ne prend pas cette précaution : l'avoine, quelque sèche qu'elle soit, s'échauffe toujours et porte en haut une humidité surprenante.

On laisse les avoines moins long-tems sur terre, quand il survient une forte pluie; alors on les lève aussi-tôt qu'elles sont sèches. L'avoine, il est vrai, se ressèche d'elle-même dans le tas, l'humidité, comme je viens de le dire, montant promptement en haut. Cependant, il ne faut pas la lier humide, comme font certaines personnes; car alors le fourrage se gâte, et on ne retire de bon que le grain, qui reste toujours dur à battre. Lors donc que les pluies continuelles pénètrent tellement les avoines, qu'il est à craindre qu'elles ne germent, il faut prendre toutes les précautions possibles pour ne les rentrer que lorsqu'elles sont parfaitement ressuyées; il faut pour cela profiter du premier beau tems pour les retourner lorsqu'elles sont sèches par-dessus, et ne les lier que quelques heures après.

Liage des avoines sciées.

On commencera par lier les avoines sciées, comme plus sujettes à germer que les autres, et on choisira un tems convenable : la grande chaleur les écosserait; par conséquent, si le tems est chaud, on ne peut les lier que depuis huit heures du matin jusqu'à onze, et le soir depuis cinq heures jusqu'à huit; et on laisse alors les avoines dans le champ, pour être voiturées le lendemain matin. Quand on est maître de choisir le moment, le jour le plus favorable est un tems frais et couvert.

Liage des avoines fauchées.

Avant que de lier l'avoine fauchée, il faut la ramasser, avec des râteaux, en petits tas; mais, pour cette opération, il faut bien choisir le moment : commencer de bon matin, lorsque l'avoine est toute mouillée de la rosée, c'est concentrer l'humidité, de manière quelquefois que la chaleur du soleil ne peut pas même la dissiper; attendre que l'avoine soit sèche, c'est perdre une partie du grain que le râteau écosse infailliblement. Il faut donc prendre l'avoine ni trop humide ni trop sèche, et, pour bien saisir le moment, prendre beaucoup de monde, qu'on occupera à lier l'avoine sciée, pendant que l'avoine fauchée, qu'on vient de lever, ressuyera entièrement; car, comme pour la lever sans perte, il la faut ramasser un peu humide, le mieux, pour l'avoir bonne, est de ne la lier que l'après-midi. Si le tems menace, on prendra encore plus de précautions; on ne ramassera l'avoine que lorsqu'elle sera presque sèche, et on formera de très-petit tas, afin qu'ils ressuient plus vîte, si on craint la pluie avant que l'avoine soit suffisamment sèche; alors, une heure ou deux après que l'avoine est ramassée, il faut retourner les tas, afin qu'ils

sèchent en-dessous, et même quelquefois les ouvrir un peu ; ce qui dissipera entièrement l'humidité, pour peu qu'il fasse de vent. L'expérience
et le tems indiqueront l'usage de toutes ces précautions, qui varient à l'infini, et que je soumets
à la sagesse du cultivateur.

Orge.

On ne doit pas laisser trop mûrir l'orge, parce
qu'alors elle tombe de tous les côtés ; ce qui fait
qu'il en reste beaucoup à terre : elle est mûre,
quand elle fait le crochet et qu'elle est blanche ;
mais pas autant que le blé, conservant toujours
une petite teinte jaunâtre. Il n'est pas nécessaire
de laisser ce grain long-tems sur terre, il faut
seulement choisir un beau tems pour lier l'après-
midi ce qui a été coupé le matin, à moins qu'il
ne s'y trouve de l'herbe, ou qu'on n'y ait semé du
trèfle ou autres graines. Alors il faut laisser l'herbe
se flétrir au soleil, parce que la moindre humidité gâte le fourrage ; à plus forte raison souffre-
t-il de la pluie, qui l'endommage au point qu'il
ne vaut plus rien, quand même il redeviendrait
parfaitement sec. D'où il est aisé de conclure
qu'il ne faut pas couper l'orge quand il pleut,
mais attendre un beau tems ; et lorsqu'elle n'est
pas sciée à la rosée, ou qu'elle ne contient pas
d'herbe, préférer de la lier tout de suite, que de

l'exposer à être mouillée. Ce grain, qui ne devient jamais fort haut, éprouve de la perte lorsqu'il n'est pas scié bas, parce que, outre la diminution du fourrage, il se perd alors beaucoup d'épis.

Seconde coupe de trèfle.

Cette coupe doit se faire au plus tard dans les premiers jours de Septembre, afin que la terre puisse être libre pour la semence. Quand elle se trouve abondante, il ne faut pas attendre, pour la faucher, qu'elle soit à son dernier point, parce que le soleil de la fin de Septembre n'aurait plus assez de chaleur pour la faner. Il ne faut pas non plus que le fourrage soit trop tendre, car alors, ayant beaucoup de peine à mûrir, il reste trop long-tems sur terre avant que d'être bon ; ce qu'il faut toujours éviter, parce que la deuxième coupe se noircit aisément, en restant sur terre, et demande à être mise de bonne heure en petits muleaux. Pour cet effet, on la relève deux heures avant le coucher du soleil, et le lendemain on l'épand aussi-tôt la rosée finie ; de cette manière, le fourrage n'est pas noirci par la rosée, qui, en ce tems, est très-abondante, et se prolonge fort tard. Il est aussi beaucoup plutôt fané, parce qu'il n'y a de mouillé que le tour du muleau, qui est bientôt ressuyé par le soleil, et que le milieu, ayant conservé la sécheresse de la veille, se fane promptement aussi-tôt qu'il est à l'air. Lorsqu'au contraire on laisse le trèfle épars pendant la nuit, il se noircit, et en outre il est beaucoup plus long-tems à se faner, parce que la rosée le pénètre si fort, qu'il faut la moitié du jour pour le sécher et réchauffer la terre, dont il conserve l'humidité. Il suit de là que, si l'on veut éviter la dépense de faire, pendant deux ou trois jours, de petits muleaux, il vaut mieux ne pas épandre le trèfle, se contenter de le retourner quand il est sec d'un côté, et ne l'épandre que le jour qu'on veut le mettre en meule.

Si l'humidité seule de la nuit fait noircir le trèfle de la seconde coupe, que ne doit-on pas craindre des pluies de Septembre? Il est donc important de faire les meules avec plus de soin qu'en Juin; et si néanmoins elles ne peuvent résister à l'abondance de la pluie, il ne faudrait pas craindre de les ouvrir et de les étendre entièrement pour les faire sécher. Il faudrait sur-tout prendre garde au pied de la meule du côté de la pluie; car il arrive souvent que le haut et le milieu ne sont pas trempés, et que le pied est fort mouillé, parce que l'eau tombe toujours en bas. C'est dans ces momens désastreux qu'on sent tout le prix de quelques rayons de soleil; le ciel paraît-il serein, on se hâte de réparer les ravages de la pluie :

tous partent armés de fourches et de râteaux ; bientôt toutes les meules sont renversées et éparses dans le champ ; le milieu, étant moins humide, est séparé du reste, et devient sec après avoir été retourné deux ou trois fois. Les uns le mettent en bottes et le chargent dans les voitures, tandis que les autres fanent le fourrage plus mouillé et en secouent la poussière : tout, peu à peu, acquiert une bonne qualité, et vient prendre sa place dans les granges du propriétaire.

Troisième coupe de luzerne.

Si le tems est beau, il ne faut pas passer la mi-Septembre sans faire la dernière coupe de luzerne ; il vaut mieux l'avoir moins abondante, que d'attendre les brouillards ou les pluies d'Octobre. Si elle ne se trouvait pas assez forte pour être fauchée, qu'on y mette les vaches, et qu'on la fasse manger par parties, de peur que, si on les y abandonnait, elles ne mangent les fanes les plus tendres et ne laissent les autres, qui alors se flétriraient et se perdraient.

Récolte de quarantain.

On doit récolter cette graine aussi-tôt qu'elle est mûre, et ne pas attendre que la cosse s'ouvre, ce qui occasionne une grande perte : lorsque le quarantain n'est pas versé, on le fauche aisément avec une faulx à avoine, à la rosée du matin; s'il est versé, on le fait scier par ses moissonneurs de même à la rosée; aussi-tôt qu'elle est passée, on s'occupe de le battre, ce qu'on fait de la manière suivante : on choisit, au milieu du champ, une place qu'on unit bien, et qu'on nettoie d'herbes et de chaume; on étend ensuite une toile carrée faite exprès, ayant au moins, sur chaque face, huit aunes; on y rapporte le quarantain, et après en avoir mis quelques paquets, deux hommes y donnent légèrement quelques coups de fléaux, les retournent et les battent jusqu'à ce qu'ils ne voient plus rien dans les cosses, ce qu'ils réitèrent quatre ou cinq fois. Après quoi ils lèvent la paille battue, qu'ils secouent avec précaution, et qu'ils portent ensuite dans le champ en monceau. Toute la paille étant levée, ils ramassent toute la graine avec soin, et la portent sur une autre toile, où un troisième homme la prend pour la vanner, la rendre bien nette et la mettre ensuite dans un sac. Pendant ce tems les batteurs apportent de nouveau du quarantain, et le battent comme je l'ai expliqué tout-à-l'heure. Par ce moyen, cette graine se trouve promptement battue, sans avoir besoin d'être liée ni transportée, ce qui occasionnerait beaucoup de perte. Quand tout est battu, on brûle, dans le champ même, toute la paille; il serait fort dangereux de la rentrer chez soi, parce que le peu de graine qui s'y trouverait suffirait pour infester les terres sur lesquelles on mettrait le fumier, étant constant que cette graine se conserve deux et trois ans sans se corrompre. Pour le grain, on le rentre dans le grenier, où on l'étend pour qu'il jette son feu : on se gardera bien de le laisser dans les sacs, cela suffirait pour l'échauffer au point de le gâter.

Aussi-tôt que le grain sera parfaitement sec, il faut le faire moudre, et ne pas attendre les gelées, parce qu'alors le froid empêche l'huile de couler. On doit faire quarante livres d'huile au moins pour un sac, mesure de Paris.

Labours.

Les travaux de Septembre sont décisifs pour les semences ; aussi doivent-ils être exécutés avec le plus grand soin. Jusqu'alors on pouvait espérer de trouver le moment favorable de cultiver et d'ameublir convenablement la terre ; mais présentement il n'y a plus à différer. Il ne reste qu'un mois jusqu'aux semences, et on le trouvera bien court, si on veut mettre ses terres en bon état.

Il faut d'abord commencer par terminer le troisième labour pour les terres qu'on semera au binot ; ensuite faire le quatrième pour celles qui seront semées à la herse : ce labour ne doit pas être donné plus de quinze jours avant de semer , afin que les terres ne poussent pas d'herbe , ce qui arrive lorsqu'on les laboure long-tems devant , et qu'il survient des pluies. Il ne doit pas non plus être donné trop tard, parce qu'alors la terre se trouve trop légère , et que le blé se plaît ordinairement dans un sol dur et ferme. Si les terres déjà labourées sont encore couvertes de mottes, il faut les réduire avec la herse, et si elles sont trop dures, attendre une petite pluie pour les briser plus facilement , ce qu'on fera néanmoins avec précaution ; car, plus on approche des semences, plus il faut ménager les hersages, à moins que la terre ne soit trop légère. C'est un grand inconvénient qu'une terre n'ait plus de mottes au dernier hersage, parce que le blé ne se recouvre pas suffisamment , et qu'il est plus exposé aux gelées , dont les mottes le défendent. Au rapport de Palladius, quelques cultivateurs de son tems avaient soin de ne pas rompre les mottes, pour qu'elles pussent protéger la plante contre les gelées. J'ai toujours suivi cette méthode, avant même d'avoir lu Palladius, et je m'en suis bien trouvé.

Retourner les trèfles.

C'est vers la mi-Septembre qu'il faut retourner

les trèfles , pour semer du blé à leur place. C'est un abus de croire qu'il faille attendre les pluies : les chevaux , il est vrai , ont moins de mal , mais aussi l'ouvrage est d'une qualité bien inférieure. Quand il pleut , le gazon s'attache à la terre, qui fait alors de grosses mottes , et souvent ces mottes , ne pouvant se diviser , restent en l'air, ce qui fait repousser l'herbe et engendrer des vers ; au lieu que , lorsqu'il fait sec , l'herbe se retourne très-bien et périt par la chaleur. Si , après le labour, la terre reste en mottes et ne se réduit pas comme il faut , on la roule plusieurs fois , en ayant soin de herser chaque fois qu'on a passé le rouleau : de cette manière elle devient meuble et dure tout à la fois , le rouleau la comprimant et l'affaissant ; et c'est ce que j'ai éprouvé sur une terre dont le domestique désespérait , et que j'ai mise dans le meilleur état possible avec la herse et le rouleau.

Les blés semés dans les trèfles ne périssent que parce que la terre est trop légère ou trop en herbe , deux causes qui font également qu'il se pourrit ou est mangé par les vers. Or, 1°. pour remédier à l'herbe , il faut ne labourer les trèfles que par un beau tems , et avoir soin , plusieurs jours auparavant , de faire manger l'herbe de près par les vaches et les moutons , herser plusieurs fois de suite la terre par beau tems ; et si néanmoins l'herbe paraît encore, la faire ôter à la main et jetter dans le chemin ; c'est le dernier moyen à employer, parce qu'il devient un peu coûteux (1). 2°. Pour empêcher la terre d'être trop légère, la rouler et herser successivement et à plusieurs reprises ; il faut avoir soin aussi que le charretier retourne bien les gazons : il y a une différence énorme entre un bon charretier dont la charrue retourne également et avec précaution les gazons, et un jeune étourdi qui boulverse la terre et forme des élévations monstrueuses au milieu du champ, au risque de faire pousser de l'herbe et de rendre la terre à jamais intraitable. Quand le trèfle est retourné, il est bon de faire passer souvent les moutons dessus, et encore mieux d'y mettre le parc ou des prangelles (2).

Choix des batteurs.

Aussi-tôt la moisson finie, il faut songer à se procurer des batteurs pour battre le blé de semence. Il y a souvent si peu d'intervalle entre la récolte et le moment de semer, qu'on n'a pas de tems à perdre. Pour avoir de bons batteurs, il faut les retenir d'avance, et on gagne à payer un

---

(1) J'estime cette dépense à 4 liv. par arpent.

(2) Voyez, en Juin, ce que j'ai dit sur le labour des trèfles.

14 *

peu davantage des gens honnêtes et soigneux.
S'ils sont honnêtes, ils vous délivrent de l'embarras de regarder toujours après eux ; s'ils sont soigneux, ils vous procurent un grand profit, en ne
laissant pas de blé dans les gerbes. Choisissez donc
pour batteurs des hommes d'une fidélité à toute
épreuve, d'un forte complexion, et qui, en
même tems, soient curieux de bien battre et d'ar-
ranger le grain proprement.

Il y a deux manières de faire battre, à la tâche
ou à la journée. A la tâche, les batteurs apportent
d'ordinaire leur pain, ont à boire à déjeûner, dînent
avec les autres ouvriers, et leur salaire est fixé,
en blé, à la vingtième ou vingt-quatrième mesure,
suivant que le blé est plus ou moins sec, et suivant ce qu'il rend. A la journée, ils sont nourris
à tous les repas, et battent à tant par jour, comme
12 à 15 sous environ. Chaque manière a son avantage et son désavantage : à la tâche, il est à craindre que, pour gagner plus, ils ne battent pas le
blé si bien, et par conséquent qu'ils ne laissent
des épis dans les gerbes. Il paraît dur, en outre,
de payer des batteurs en blé, lorsqu'il vient à
être très-cher. A la journée, le grand inconvénient, c'est qu'il faut souvent presser les batteurs,
qui ont toujours des raisons à donner pour battre
peu ; d'ailleurs, en hiver, que faire de batteurs
à la journée, lorsqu'il ne fait plus clair à quatre

ou cinq heures ? Au lieu que les batteurs à la tâche , battant plus sérieusement , et ne prenant pas de repos , s'en vont de bonne heure et délivrent la maison d'une présence toujours gênante , quelquefois même inquiétante. J'inclinerais donc pour le battage à la tâche , avec les précautions que je vais indiquer.

Manière de bien battre.

Les batteurs doivent être matineux , mais cependant ne pas battre avant le soleil levant. Pour battre bien les gerbes , ils doivent bien étendre celles qu'ils frappent , aller et venir plusieurs fois dessus , ensuite les retourner ; ne pas trop frapper sur l'extrémité de la gerbe , pour ne pas couper l'épi ; appuyer beaucoup au contraire sur le cu de la gerbe , si le blé est dur , ou qu'elle contienne beaucoup de petits épis ; enfin retourner les gerbes une fois au moins. Une attention essentielle , c'est de ne jamais battre plus de dix gerbes sans lier. Il y a des batteurs qui ne lient que deux ou trois fois par jour , pour moins se détourner ; cela occasionne beaucoup de perte , parce qu'il vole du blé dans ce tas de gerbées , qu'on ne secoue jamais bien à cause de son volume. Pour n'en pas laisser , il faut , avant que de lier les gerbes battues , donner d'abord sur le tas quelques coups de fléau , pour détacher les grains de

blé; les prendre ensuite par petites poignées et
les bien secouer, afin que les épis et les grains
qui peuvent y être mêlés tombent par terre. Quand
tout est lié, et qu'il ne reste plus que de petits
tuyaux de paille mêlés d'épis, dont on compose ce
qu'on appelle *menu*, il faut battre ces épis comme
il faut, en y mettant le tems et en les retournant
plusieurs fois; et voilà sur quoi il faut sur-tout
veiller, car rarement les batteurs laissent du grain
dans les gerbes; mais il n'arrive que trop souvent
qu'ils en laissent dans les menus.

Pour voir si le blé est bien battu, il faut examiner d'abord le dessus des gerbes et voir s'il ne
reste pas de grain dans l'épi; ensuite fourrer sa
main dans le cu de la gerbe jusqu'au milieu, et
en arracher une bonne poignée. S'il ne s'y trouve
pas d'épis, c'est qu'elle est bien battue; s'il s'en
trouve, c'est que les batteurs n'ont pas assez ap-
puyé sur le cu de la gerbe, où il y a presque toujours de petits épis de blé bien courts et plus durs
à battre, parce qu'ils sont venus plus tard que les
autres. Quant aux menus, le mieux est de les délier entièrement; alors on ramasse tous les épis
trouvés, qu'on présente aux batteurs, pour leur
reprocher leur négligence. Ce n'est pas qu'il ne
se trouve toujours des épis, malgré tous les soins
possibles; mais alors ce sont des épis où il n'y a
pas beaucoup de grain. C'est le cas de tolérer,

en les montrant cependant de tems à autre aux batteurs, qui ne sont que trop portés à en laisser; au lieu que la négligence est impardonnable lorsqu'on y rencontre de longs épis qu'on aurait dû battre, et qui n'échappent guère à l'attention d'un bon batteur.

Manière d'arranger le blé de semence.

Il est rare que les blés destinés à la semence soient assez nets pour qu'on puisse se dipenser de les faire éplucher avant de les battre : ce n'est pas seulement l'herbe qu'il faut en ôter, ce sont encore les épis de seigle et de grain faux qui peuvent s'y rencontrer. Il faut par conséquent faire éplucher le blé une journée d'avance, afin que ceux qui l'éplucheront ne soient pas pressés par les batteurs; ordinairement on prend, pour cette opération, deux femmes qu'on place dans une grange séparée ou bâtiment attenant : les gerbes qu'elles épluchent seront tirées du tas avant que les batteurs soient en train de battre, afin que si l'herbe vient à tomber sur l'aire, elle ne se mêle pas au blé qu'on bat; cette herbe, quand elle est séparée des gerbes, doit être mise à part, pour être brûlée et ne pas infester le fumier.

Pour rendre le blé plus beau, les batteurs doivent serrer davantage le moulin, afin de laisser passer moins de paille; ils ne doivent pas non plus mêler avec le bon blé, celui qui reste dans le coffre du moulin, ni celui qui tombe dans le van, ni les écossains qu'ils rebattent après; ils doivent en outre, quand le blé est vanné, le repasser une seconde fois, pour le rendre plus beau. Ce blé est porté ensuite dans le grenier, pour y être criblé, de manière qu'il ne resté que le plus beau grain, et que ce qui peut y avoir encore de paille, de poussière ou même d'herbe disparaisse entièrement. Ces diverses opérations produiront près d'un quart de déchet, mais on en sera dédommagé par la beauté du blé, qui sera infiniment meilleur pour semer, et se vendra aussi bien plus avantageusement. Le déchet doit être mis à part, et on en tire encore bon parti, en le recriblant et le mêlant avec un peu de seigle.

Bestiaux.

C'est le tems de se défaire avantageusement des vaches stériles, et qui, presque toujours, s'engraissent d'elles-mêmes. Ayant été bien nourries de verdures, depuis le mois de Mai, elles valent plus que dans l'hiver, où elles ne peuvent avoir une nourriture si succulente, à moins qu'on ne les engraisse avec la farine d'orge ou de seigle. Il y a des vaches qui ne deviennent jamais stériles, même en vieillissant; il faut cependant s'en défaire, de peur qu'elles ne viennent à manquer, et ne puissent plus amener leurs veaux à bien. Il faut se donner de garde de vouloir engraisser une vache pleine, en lui coupant son lait; le veau qu'elle porte consomme une partie de sa nourriture et l'empêche d'engraisser. Il vaut mieux la vendre comme vache à lait, lorsqu'elle aura vélé : ajoutez qu'on ne serait pas sûr de retrouver la dépense qu'on ferait en nourriture. C'est pourquoi on ne doit engraisser que les vaches qui ont déjà une disposition à devenir grasses.

La nourriture des vaches est toujours la même, et on peut leur garder des verdures jusqu'au quinze Octobre, et même davantage si le tems est beau. Qu'on ne leur donne jamais des luzernes trop sèches et sans fanes; cette nourriture ne leur produit pas de lait : elles en perdent beaucoup, ne pouvant manger les tuyaux qui sont trop durs et trop secs.

Les veaux qui arrivent en Septembre ne doivent pas être gardés, parce qu'ils viennent trop tard pour profiter, et coûteraient trop à nourrir à l'étable, à moins qu'on ne soit dans l'habitude de faire des veaux gras.

Moutons.

A la même époque, les brebis qui ne rapportent pas deviennent grasses, sur-tout quand il se trouve beaucoup à manger après la récolte ; qu'on saisisse ce moment pour les vendre avec profit : car, alors on vend la vieille brebis un tiers plus qu'elle n'a coûté à deux ans. Vers la fin du parc, les vieux moutons deviennent quelquefois aussi fort gras, et ensuite dépérissent dans les pluies ou dans les gelées ; le cultivateur doit dont alors visiter son troupeau, et marquer les bêtes qui peuvent être vendues avec avantage.

Cochons.

S'il vient de petits cochons dans ce mois, ils sont encore bons à garder pour l'usage de la maison, parce qu'ils vont aux champs jusqu'à la fin de Novembre.

Pommes à ramasser.

C'est un soin journalier et coûteux que de faire ramasser les pommes qui tombent ; il faut cependant s'y assujettir, dans les années sur-tout où la rareté des pommes les fait rechercher davantage : il sera bon aussi de visiter ses pommiers, afin de faire mettre des appuis sous les branches que l'abondance des fruits fait courber.

Graines de trèfles et luzernes.

Pour récolter de bonne graine, il faut, quand elle est mûre, et qu'on a lieu d'espérer du beau tems, faire couper le fourrage, non à la faulx, mais à la faucille. Deux ou trois jours sont plus que suffisans pour sécher parfaitement la graine lorsqu'elle est sur terre. Après ce tems, on lie le fourrage avec précaution ; on le fait battre, et on sert la graine avec son enveloppe sur un grenier, où elle se conserve jusqu'au moment de la semer : on la rebat alors, et elle a le mérite d'avoir encore toute sa fraîcheur.

Fumier sur les jeunes trèfles.

A la fin de Septembre, on menera du fumier sur les jeunes trèfles, pour les préserver de la gelée, et empêcher les moutons et vaches d'y toucher ; le fumier pourri engendrerait beaucoup d'herbe ; il ne faut donc en prendre que du nouveau, qui couvre bien mieux la terre. On ne couvre jamais les vieux trèfles ni les luzernes ; les vieux trèfles, parce qu'ils se jetteraient plus facilement en herbes ; les luzernes, parce qu'elles sont peu sensibles à la gelée.

Marnage.

On doit, en Septembre, profiter d'un tems favorable, c'est-à-dire, sans humidité, pour faire marner les terres qui en ont besoin. Deux raisons pour ne pas remettre à un autre moment cette opération si avantageuse : 1°. parce que la marne n'est utile que lorsque les gelées et les pluies l'ont attendrie et brisée; 2°. parce qu'après l'hiver les trous sont sujets à fondre et à exposer la vie des travailleurs. On peut marner en mars ou en jachère; j'estimerais mieux en mars, parce qu'alors la marne se consomme pendant les deux années de mars et de jachère, et que la terre reprend par là son assiette : car, le propre de la marne étant de rendre la terre légère, il arrive quelquefois qu'elle le devient trop pour le blé, qui se plaît dans un terrein ferme; au lieu qu'elle réussit mieux pour les mars, qui veulent une terre mouvante. On juge qu'une terre a besoin de marne, lorsqu'elle est compacte, dure de labour, et se taille par gros morceaux, qu'elle retient l'eau, qu'elle est froide, et tardive à faire germer les graines; alors la marne ne lui pourra être que très-utile; mais elle exige une grande quantité de fumier, et cela pendant plusieurs années de suite; la première sur-tout exige un fumier consommé et en plus grande quantité que de coutume. Le plus ou moins de besoin de la terre, doit décider de la quantité de marne qu'il faut y mettre : on compte au plus quinze cens mesures de marne à l'arpent, la mesure faisant le 12ᵉ. d'un sac de blé de 300 livres; en général, le mieux est de ne mettre qu'une demi-marne, c'est-à-dire, sept cens cinquante mesures par arpent; cela suffit presque toujours pour ameublir convenablement la terre, la rendre plus facile à travailler et la fertiliser en la réchauffant.

Pour tirer la marne, on fait un grand trou au milieu de la pièce qu'on veut marner; quelquefois on la trouve à quinze pieds, d'autres fois aussi à trente et quarante pieds; quelquefois même on n'en trouve pas, ou plutôt on est forcé d'abandonner le trou à quarante pieds, parce qu'il y aurait du danger si on descendait plus bas. Telle est la coutume ordinaire, coutume fort dispendieuse, et dont les résultats sont souvent peu satisfaisans. On s'éviterait bien des recherches et des peines inutiles, en faisant usage de l'instrument dont j'ai trouvé la description dans un auteur estimable qui m'a fourni ce que je vais en dire (1). Cette sonde, que les allemands appellent *erbohzer, perce-terre*, est en grand ce qu'un vilebrequin est en petit, et le jeu qu'on lui donne est très-exactement celui du vilebrequin : on insi-

____

(1) Cette brochure est intitulée : *De la Marne , et de la manière de l'employer utilement ;* par M. B***. Se trouve à Paris , à la Librairie d'Agriculture, rue des Grands-Augustins, nᵒ. 12. 1 fr. par la poste.

nue sa pointe ou son bec dans la terre, et on le fait tourner en même tems qu'on appuie dessus pour le faire mordre, et l'on perce autant que la longueur de l'outil le permet. Par cette sonde, on connaîtra aisément les diverses couches de terre, sa bouche se remplissant des substances qu'elle perfore et qu'on retire de tems en tems.

La meilleure marne, en général, est la blanche; mais elle est bonne de toutes couleurs, pourvu qu'elle se décompose bien, et soit soluble dans l'eau : elle doit être d'une qualité tendre à se briser; plus elle est tendre, plus elle pénètre dans la terre. Il faut donc avoir soin de la faire épandre le mieux possible aussi-tôt qu'elle est tirée, afin de ne pas la renfouir avant qu'elle soit dans une décomposition parfaite; ce qui n'arrive quelquefois qu'au bout de trois ou quatre mois. Enfouir la marne lorsqu'elle est encore en motte, c'est lui ôter sa fertilité, qui dépend beaucoup, suivant tous les connaisseurs, de l'influence qu'elle reçoit des sels répandus dans l'air. Quant à la profondeur du labour, elle ne doit pas être considérable, afin que les principes végétatifs de la marne, restant plus près de la surface, soient plus à portée des racines de la plante, et par conséquent produisent tout leur effet.

MOIS D'OCTOBRE.

Dans les champs la semence est-elle déposée,
Il la couvre à l'instant, sous la glèbe écrasée.

Georg. Del. l. I.

TELLE est la condition du cultivateur, qu'à
peine a-t-il récolté, qu'il faut confier à la terre la
semence qui doit enrichir ses greniers neuf mois
après. Qu'il est intéressant pour lui ce moment
qui, en mettant fin aux travaux préparatoires,
décide en même tems de leur succès ! Jusqu'alors
il a pu réparer l'intempérie des saisons, ou une
culture négligée; mais les semences une fois terminées, il lui faudra presque tout abandonner à
la nature. Octobre est donc, pour le cultivateur,
un mois de peine et de fatigue; il a toutefois
aussi ses charmes. Si, comme Août, il n'offre
pas le spectacle riant de voitures qui gémissent
sous le poids des gerbes, il réjouit l'œil attentif
par cette agréable verdure dont il couvre les
terres avant qu'elles soient toutes semées. On ne
peut même regarder sans plaisir cette activité de
charrues et de herses qui recouvrent le blé derrière le semeur, et rendent la terre aussi unie que
le jardin le mieux peigné. Puisse ce spectacle

intéresser tellement le maître du champ, qu'il s'en éloigne le moins possible! Quelques momens de négligence lui seraient trop préjudiciables pour qu'il se les permette. Venons au détail, et traitons les semences avec l'étendue et l'attention qu'elles méritent.

Du moment de semer.

Il faut semer plutôt ou plus tard, selon que la terre a plus ou moins de chaleur naturelle ; une terre froide veut être semée de bonne heure, et je connais des cantons où l'on sème à la mi-Septembre, tandis que dans d'autres on ne sème qu'en Novembre. Il faut donc consulter le climat dans lequel on vit ; mais néanmoins semer toujours des premiers, c'est-à-dire, que si l'on sème en Octobre, commencer les premiers jours et avoir fini le 18 ou le 20. Virgile disait avec raison, *sere nudus.* Des blés semés de bonne heure, et qui ont pris du pied avant les frimas et les gelées, résistent bien davantage aux rigueurs de l'hiver, ou à l'abondance des pluies. Cependant, les terres qui n'ont pas beaucoup de fond, ne doivent pas être semées trop tôt, parce qu'elles poussent alors trop abondamment l'hiver, et qu'ensuite le blé se déchausse et se détruit. D'après toutes ces considérations, je crois pouvoir fixer les semences, pour juste milieu, au premier Octobre.

Diverses méthodes de semer.

Il y a deux manières de recouvrir la semence, à la herse ou à la charrue; la première est seule pratiquée dans les pays où l'on emploie les fortes charrues; là, on recouvre tous les grains à la herse, sur un labour donné depuis plus ou moins de tems, suivant l'usage ou les circonstances. Les deux méthodes sont employées dans les pays où la charrue à tourne-oreille est seule en usage : la nature de la terre, sa préparation, le plus ou moins d'humidité du tems en déterminent le choix, qui n'est pas d'une petite conséquence : telle terre où la semence eût prospéré à la charrue, produit très-peu parce qu'elle a été semée à la herse. Et voilà la bizarrerie de la nature et des hommes, que dans certains pays toutes les terres sont semées à la herse, sans qu'on paraisse avoir sujet de s'en plaindre, ou plutôt sans qu'on pense à changer quelquefois de méthode ; tandis que, dans d'autres, certaines terres exigent impérieusement une des deux manières, et que les cultivateurs établissent entr'elles une énorme différence. Ces deux manières s'appellent, dans ma contrée, *semence au binot* et *à la herse;* le binot, c'est recouvrir du blé semé sur une terre

(labourée au moins trois fois), avec une charrue dont on ôte le coutre, et à qui l'on fait prendre une plus grande raie que dans le labour ordinaire ; ce binot est rabattu ensuite par la herse,
qu'il suffit ordinairement de passer une fois. La
semence à la herse consiste, comme nous l'avons
dit tout-à-l'heure, à herser deux fois du blé semé sur un labour qui doit être au moins le quatrième.

Semence de seigle.

Le seigle est le premier grain qu'il faut semer ;
mais il faut choisir un tems sec, car l'humidité
lui est contraire ; et j'ai souvent vu du seigle semé
dans une terre humide ou imbibée ensuite de la
pluie, pourrir en terre et ne pas lever. Le seigle
se sème ordinairement à la quantité de cent vingt
pesant par arpent. Jamais on ne le chaule, il
faut seulement choisir une semence bien mûre
et un grain bien nourri ; il faut aussi en retirer
l'ivraie et autres mauvaises herbes qui pourraient
s'y trouver, et qui ont une fécondité bien mal-
heureuse pour les terres où on les sème. Le seigle
ne veut pas être enterré fort avant, ni être com-
primé et tassé dans la terre ; il faut donc lui donner un binot très-léger, et ne pas le rouler ensuite :
avec ces précautions, le seigle réussira presque
toujours dans les terres mêmes les plus médiocres.

Tout lui est propre, il vient également dans les terreins sablonneux et crayeux, mais seulement moins abondant que dans de bonnes terres. Il faut même avoir soin de ne pas le semer dans des sols trop gras ou trop forts ; car alors il devient si élevé et si épais, qu'il y verse avant sa maturité, comme je l'ai vu plusieurs fois ; ce qui arrive plus rarement au froment, qui, étant plus tardif, ayant un tuyau plus fort, et ne s'élevant jamais si haut, n'est pas sujet à verser, ou ne verse pas long-tems avant sa maturité.

Dans les cantons où il n'y a que de bonnes terres, on ne sème du seigle que pour en tirer des liens ; sous ce point de vue seul, il est inté-ressant de prendre tous les moyens possibles pour qu'il soit semé dans un moment favorable, car le glüys est une richesse pour le cultivateur qui récolte beaucoup, et il doit proportionner la quantité de seigle qu'il sème, au besoin qu'il a de liens. Le seigle, il est vrai, est moins cher que le blé, mais on en est dédommagé par la plus grande quantité de grains, le seigle rendant un sixième de plus que le blé. D'ailleurs, de quelle ressource n'est-il pas pour mêler avec du blé dans des années de disette, ou dans celles où le blé n'est pas sec ?

Différentes qualités de blé.

Il faut choisir, pour semer, la meilleure qualité de blé nonveau (1), le plus gros, le plus net,
le plus mûr, et avoir soin qu'il n'y ait pas d'herbes ; la couleur du blé n'est pas même indiffé-
rente. Les anciens rejettaient celui qui était trop
blanc, et préféraient celui qui était de couleur
d'or, et qui, cassé sous la dent, conservait la
même couleur dans son intérieur. Il est quelquefois avantageux de changer sa semence, sur-
tout lorsqu'on s'apperçoit qu'elle dégénère ; mais
il faut toujours la tirer de pays plus septentrionaux, plus froids et moins fertiles que ceux qu'on
habite. Celle d'un pays plus fertile ne réussirait
pas, comme je l'ai éprouvé plusieurs fois, ayant
semé trois ans de suite du blé de Beauce, qui est
très-mal venu ; tandis que du blé de pays septentrionaux a parfaitement réussi. J'ai même employé, avec assez de succès, du blé de Pologne.

De trois en trois ou de quatre en quatre ans,
De remuer la semence il est tems ;
Et si poursuit le bien de ce ménage ,
Sur tes voisins gagneras l'avantage. (*Oliv. de Ser.*)

La qualité du terrein décidera ensuite s'il faut

----

(1) Olivier de Serres estime plus le blé nouveau que
le vieux , qu'il dit être moins fertile.

semer le blé plus ou moins pur. Le froment ne doit se mettre que dans de bonnes terres, ou dans celles qui, quoique caillouteuses, ont beaucoup de fond. Pour les terres froides et plates, je ne les crois pas propres au blé pur, qui s'y perd l'hiver, et y souffre trop de l'intempérie des saisons ; je ne le crois pas non plus convenable à des terres à cailloux, sujettes à la sécheresse ; car alors, comme il est toujours beaucoup plus tardif, si la sécheresse et les chaleurs dominent avant qu'il ait pris beaucoup de pied, et même avant qu'il soit épié, il arrive presque toujours qu'il ne tale pas, et que la moitié périt faute d'humidité. Au contraire, dans les bonnes terres, où il conserve toujours de l'humidité, il croît malgré la chaleur, s'étend et se fortifie au milieu des plus grandes sécheresses.

En général, le blé qui réussit le mieux et est le moins sujet à manquer, est le blé-muison, c'est-à-dire, quart seigle, qu'on sème en mettant un douzième de seigle dans de pur froment, cette quantité étant suffisante, parce que le seigle produit plus que le blé. Cette espèce de blé souffre beaucoup moins de la gelée, n'est jamais miélé, est rarement sujet à la nièle, et vient même plus abondant. Le seigle empêche l'herbe de dominer, parce que, croissant plus promptement que le blé, il étouffe les plantes parasites qui veulent

lui disputer le terrein , conserve au blé son humidité dans les grandes sécheresses , à cause de son
élévation , et lui sert , pour ainsi dire , de protecteur.

Pour avoir du blé-méteil , c'est-à-dire, moitié
seigle , il faut semer le seigle dans la proportion
d'un sixième. Il y a souvent beaucoup d'avantages à semer cette espèce de blé , qui fournit beaucoup de gerbes, et rend encore plus en grain.
J'ai vu, plusieurs années , le blé-méteil donner un
sac avec trente gerbes , tandis qu'il en fallait près
de quarante pour le blé pur. Or , il n'existe pas
toujours cette différence de prix entre le blé pur
et le blé-méteil , qui ne vaut jamais un tiers de
moins , excepté dans les semences , où le blé pur
est très-recherché. Supposons que le blé pur vaille
24 liv. , le blé-muison vaut 21 liv , le méteil 17
à 18 , le seigle 12 liv. ; voilà la juste proportion ,
proportion qui est entièrement à l'avantage du
blé-méteil , quand le blé est cher , comme en
1801 , où le blé pur valait 60 liv. , le méteil 50 l. ,
le seigle 45 liv. On peut juger par là de l'avantage qu'il y a à semer du blé-méteil , principalement lorsqu'il produit plus de gerbes , ce qui procure au cultivateur des engrais plus considérables.
J'avoue cependant qu'on ne peut pas toujours
semer du blé-méteil , comme , par exemple ,
dans les pays peu populeux , où le blé par consé-

quent ne se vend pas, et où on ne trouve à se défaire que du blé pur, que les blatiers achètent pour la fourniture des villes. Il y a aussi des terres où le blé-méteil ne réussit pas bien, et où le seigle se perd à cause de la trop grande humidité de la terre ; alors il faut en mettre beaucoup moins, ou même ne mettre que du blé pur.

Chaulement.

Le blé doit être chaulé avant que d'être semé ; or, voici le procédé à suivre : se procurer d'abord de la chaux nouvellement faite, qu'on met aussi-tôt dans un tonneau défoncé, et qu'on couvre avec beaucoup de foin, afin qu'elle ne s'évente pas. On choisit ensuite pour le chaulage un endroit pavé qui ne serve qu'à cet usage, et qui soit planchéié, afin qu'il ne tombe pas d'ordures sur le blé. Cet endroit doit être le plus près possible de la maison, et renfermer le tonneau où l'on a déposé la chaux. Au moment où l'on veut chauler le blé, et lorsqu'il est porté à l'endroit destiné au chaulage, on remplit une grande chaudière d'eau de roussis, c'est-à-dire prise à l'égout du fumier. On fait bouillir cette chaudière qu'on porte toute bouillante sur le tas de blé, qui ne doit pas être de plus de deux sacs, et on y met de la chaux à peu près l'équivalent d'un gros melon. Si cette chaux est bonne et vive, elle fond

promptement dans l'eau bouillante , qui se répand
avec abondance sur le blé. Alors , aussi-tôt qu'elle
a fait son effet , on renverse la chaudière sur le
tas de blé, qu'on s'empresse de retourner, en le
faisant changer deux ou trois fois de place , pour
qu'il soit également imbibé de chaux. Au bout de
huit à dix heures, il est suffisamment ressuyé
pour être semé , sur-tout si on le met dans un endroit où il y ait de l'air. Si on ne pouvait donner
ce tems pour sécher , il faudrait alors l'étendre , pour qu'il fût plutôt sec. Telle est la manière la moins dispendieuse et la plus facile de
chauler le blé. Elle est indispensable pour le préserver de la nielle, des insectes et des oiseaux :
c'est une vérité si évidemment prouvée, que je
ne m'étendrai pas davantage sur cet article. Je
dois remarquer cependant que , pour donner plus
de force au chaulage, on y ajoute avec succès ,
comme je l'ai éprouvé , de la fiente de pigeon,
de poule , de mouton , de cheval et de vache, que
l'on mêle tout ensemble dans la proportion de
deux boisseaux pour deux sacs, dans un cuvier
d'un quart de muid environ , où on les laisse fermenter trois jours , en ayant seulement l'attention
de les remuer deux fois par jour. Lorsqu'on veut
chauler le blé, on fait bouillir cette eau dans la
chaudière à la place de roussis, on y joint de
même de la chaux , et on suit le même procédé

que je viens d'indiquer. Si le mauvais tems empêchait de semer le blé quand il est chaulé, on doit, au bout de deux ou trois jours, le remuer de tems en tems, de crainte qu'il ne s'échauffe.

Manière de semer.

Le semeur prend une quantité de grain plus ou moins grande, dans une espèce de nappe qu'il passe autour de lui, et qu'il tient dans une main; de l'autre, il prend le grain à poignée, en jettant sa main derrière l'épaule, et marchant d'un pas égal vers un jalon qu'il plante au bout de la pièce où il sème. Lorsqu'il y est arrivé, il retourne par le même chemin, en jettant du blé avec la main opposée, et marchant droit au jalon qu'il a eu soin de mettre en face du premier; alors il recule ce jalon de trois pas, et retourne à l'autre, qu'il recule aussi de trois pas. L'essentiel est de semer le blé bien également. Pour cela, dit Pline, il faut que la main du semeur s'accorde avec son pas, et qu'il jette toujours sa poignée au même instant qu'il porte son pied droit en avant : c'est, ajoute-t-il, une sorte de talent naturel que tous les laboureurs n'ont pas dans le même degré de perfection.

Une attention que doit avoir aussi le semeur, c'est de prendre bien le vent, de manière qu'il favorise l'émission du grain, au lieu de la contralier et d'en rejetter une partie sur le semeur ; ce qui arrive dans les grands vents , malgré toutes les précautions qu'on peut prendre. Aussi je conseille de ne pas semer quand il fait de grands vents , dont l'inconvénient principal est d'envoyer le grain dans le champ voisin , à moins qu'on ne sème des domaines fort étendus , où il reste toujours l'inconvénient de jetter trop de blé dans certains endroits , tandis que, dans d'autres , il n'y en a pas assez.

Quantité de semence.

Il y a deux écueils également dangereux , et qu'il faut par conséquent éviter ; c'est de mettre trop ou trop peu de semence : en mettre trop , c'est étouffer le blé, qui n'a pas alors de place pour s'étendre , et ne pousse qu'un épi court et maigre ; en mettre trop peu, c'est diminuer sa récolte , sur-tout dans les années pluvieuses, où il se perd beaucoup de semence , et où elle se trouve suffoquée par l'herbe. Ordinairement on doit mettre par arpent cent cinquante livres pesant de blé sec et non chaulé ; car le blé chaulé augmente d'un quart , et il faut par conséquent augmenter aussi d'un quart en sus. Voilà la règle générale ; ensuite il faut proportionner la semence aux terres qu'on emblave : il faut plus de semence dans les terres froides , aquatiques , dans les terres argileuses, dans les trèfles et luzernes retournés, dans les plants d'arbres, dans des terres abritées par un bois ; il en faut moins, au contraire, dans les terres sablonneuses et légères, dans celles qui, quoique d'une bonne qualité, ne peuvent supporter un labour profond. Quand le tems est sec, il faut moins de semence que dans un tems pluvieux. Des terres grasses supportent plus de semence que des terres maigres, qui ne rapportent que des épioles lorsqu'on sème un peu dru, parce qu'elles n'ont pas assez de sucs pour vivifier toute la semence qu'on leur confie.

Les auteurs sont partagés sur la quantité de semence : Columelle veut qu'on sème clair dans les terres grasses, et assure que c'est le moyen d'avoir d'abondantes récoltes ; Palladius, au contraire, exige plus de semence dans les terres grasses que dans les maigres ; Pline ne veut pas qu'on épuise la terre par tant de semence : *segetem ne defruges.* Olivier de Serres conseille de ne point donner tant de semence à la terre maigre qu'à la grasse, la faiblesse de celle-là ne pouvant souffrir autant de charge que la force de celle-ci. Valérius soutient le contraire, et prétend qu'il faut plus de semence dans les terres maigres.

La juste proportion de la semence est donc une question encore indécise parmi les savans : *adhuc sub judice lis est.* Néanmoins il me semble également contraire au bon-sens de confier beaucoup de semence à une terre qui manque de substance nutritive , et à une terre grasse où tous les grains lèvent et prospèrent , parce qu'elle fournit abondamment à leur végétation. J'aimerais mieux dire : dans une terre grasse , mettez la quantité de grain qu'exigent votre sol et la saison , c'est-à-dire , la quantité ordinairement reconnue ; mais ne jettez pas dans une terre maigre plus de grains qu'elle ne peut rapporter , et par conséquent soyez plutôt au-dessous qu'au-dessus de l'usage ordinaire. A cet égard, l'expérience apprendra plus que les discussions les plus savantes, *la décision desquelles appartenant à tout ménager , fera que la patience d'une couple d'années la résoudra , pour y prendre avis selon le naturel de son air et de sa terre* (1).

Blé planté.

Voilà , je ne crains pas de le dire, un précepte bien judicieux. Qu'on m'appelle tant qu'on voudra ,

Laudator temporis acti ,
Horat.

je soutiendrai toujours que nos anciens avaient plus de bon-sens que nos modernes, qui condamnent toujours les anciens usages et aiment à

______
(1) Olivier de Serres.

en substituer de nouveaux. A les entendre, c'est un abus ridicule que de semer le blé, il faut le planter : on économise moitié de semence, et on double la récolte. Cela paraît bien beau ; je ne puis cependant penser comme eux : ce n'est pas que je ne condamne hautement la méthode ignorante de ceux qui croient récolter beaucoup en semant une grande quantité de grains. Je suis très-convaincu qu'un blé semé trop dru ne peut taler ; au lieu qu'un blé semé dans une juste proportion pousse quelquefois vingt rejettons et même plus. Je sais que la beauté de l'épi dédommage amplement de la moindre quantité de gerbes ; mais je ne conclus pas de là qu'on doive abandonner l'ancienne méthode, pour ne plus semer qu'au plantoir. Au surplus, je ne veux pas prononcer, mais seulement présenter les observations que j'ai faites en plantant du blé suivant les nouveaux procédés, et sur un terrein dont moitié a été semée, l'autre moitié plantée.

1°. L'économie de la semence est des trois quarts ; il y a donc un avantage réel à planter du blé quand la semence est rare. Le plantage exige, en revanche, des frais considérables, qui ne peuvent être balancés par l'économie du blé, que quand le pur froment vaut 36 francs ; car, pour planter un arpent de terre, il faut un homme et quatre enfans pendant trois jours, tandis que l'ancienne méthode n'exige que quatre heures d'un seul homme et d'un cheval.

2°. Le plantage ne peut réussir dans les terreins caillouteux ou en pente, dans des terres argileuses ou humides, parce que l'outil ne pourrait y entrer; les terres froides ou qui ont peu de fond lui conviennent peu, et on ne doit pas même l'essayer dans les terreins de mauvaise qualité.

3°. Cette opération exige un beau tems. Comment faire couler le blé, deux grains à deux grains, quand il pleut ou qu'il fait froid? Quel dommage ne fait-on pas à la terre lorsqu'on l'y enfonce?

4°. Le blé planté doit être semé beaucoup plutôt que l'autre; il redoute les printems secs, parce que, ne couvrant pas la terre comme le blé semé, il sent plus l'impression de la sécheresse, et ne peut par conséquent taler. Il mûrit plus tard que le blé semé, ce qui le rend beaucoup plus sujet à miéler.

Telles sont mes observations, dont il sera aisé de tirer des conséquences justes, après l'expérience qu'on en fera sur son terrein.

Semence à la herse.

On ne doit semer à la herse que les bonnes

terres (1), les sols sans cailloux, dans lesquels le blé ne se déchausse pas, et qui ne sont sujets ni à se battre dans les grandes pluies, ni à conserver long-tems une eau stagnante : dans les mauvaises terres, comme les sablonneuses, crayeuses ou en côtes, il ne faut jamais semer à la herse : le blé y leverait promptement; mais aussi, comme il ne serait pas fort enfoncé dans la terre, il perdrait bientôt son humidité, et un hiver rigoureux le déracinerait au point de le faire périr. La semence à la herse exige aussi une terre suffisamment ameublie et sans herbes : elle ne doit pas être trop légère, pour que le blé ne s'y perde pas; elle ne doit pas être trop dure, pour qu'il puisse être recouvert par la herse.

On sème sur-tout à la herse les terres à trèfle, quand on fait une seconde coupe; alors on leur donne un labour profond, par un beau tems, pour détruire l'herbé et ses racines; deux ou trois jours après, on les herse pour faner et faire périr l'herbe qui est restée en-dessus; au bout de huit à dix jours, quand la terre est un peu affaissée, on la sème, et ensuite on la herse deux ou trois

______

(1) On se rappellera que la distinction que je mets entre la semence à la herse et celle au binot, n'est que pour les pays qui emploient la tourne-oreille ; ce que je vais dire les regarde seuls.

fois, et même quatre, suivant le besoin, pour diviser la terre et l'applanir. Lorsque l'herbe d'une terre à trèfle est entièrement morte, on a beaucoup d'avantage à ne la semer qu'après la pluie ; ce qui contribue singulièrement à l'appesantir, et à lui ôter cette grande légèreté que l'art du cultivateur cherche quelquefois en vain à guérir.

Les terrres qui sont sujettes à se battre, doivent être hersées avec plus de ménagemens que les autres, et il est bon de laisser quelques mottes, suivant les raisons que j'ai détaillées en Septembre.

Le tems de semer à la herse est depuis le 3 Octobre jusqu'au 15. Il faut choisir un beau tems pour cette opération, afin que la terre se travaille bien ; éviter, au contraire, de herser par de grandes pluies, ce qui ne fait presque jamais que de mauvais ouvrage, la terre s'attachant à la herse, dont l'opération est alors fort longue et quelquefois même plus nuisible qu'avantageuse. Au contraire, quand on est assez heureux pour rencontrer un beau tems, on a la satisfaction de faire beaucoup d'ouvrage, deux bons chevaux pouvant herser par jour dix arpens de terre, ce qui fait cinq arpens par attelage, en supposant qu'on passe deux fois la herse. Quelquefois le tems devient si mauvais durant les semailles, que la charrue ne peut manier la terre, et ne fait que de la boue : c'est le cas alors, pour les terres franches, de les semer à la herse, aussi-tôt la cessation de la pluie; quant aux terres argileuses et caillouteuses, je ne conseille de le faire qu'à la dernière extrémité.

Semence au binot.

Le binot est la méthode la plus sûre pour les terres froides ou d'une médiocre qualité; il doit être plus ou moins profond, suivant la qualité de la terre. Quand une terre est bien fumée, sans cailloux et sans herbes, elle n'a besoin que d'un très-léger binot; dans une terre caillouteuse ou enherbée, il faut le donner plus profond; dans la première, pour donner plus de pied au blé; dans la seconde, pour attaquer la racine de l'herbe. On donne aussi un binot plus ou moins profond suivant le tems; s'il est humide et pluvieux, on le donne léger, parce qu'il suffit de recouvrir tant soit peu le grain, qui alors lève très-promptement; s'il est sec, on le donne profond, afin que le grain rencontre une terre humide qui le mette à l'abri du froid et de la sécheresse. Il faut prendre moins de raie dans les terres caillouteuses et argileuses, qui sont d'une nature compacte et peu divisibles; dans les terres franches, lorsqu'elles sont bien préparées et bien meubles, on en prend davantage, ce qui avance beaucoup l'ouvrage, quoique cependant on en fasse aussi beaucoup en en prenant moins, parce les chevaux doivent alors aller plus vîte.

Quand la terre est binotée, on la herse tout de suite, à moins qu'on ne diffère pour donner à l'herbe le tems de se faner, ce qui suppose toujours un beau tems ; car, pour peu qu'il soit douteux , il faut herser promptement, parce qu'en cas de pluie la terre deviendrait quelquefois si humide qu'on ne pourrait plus la herser.

De l'usage du rouleau.

Il y a deux sortes de rouleaux, le rouleau simple, et le rouleau composé ; le rouleau simple, fait en sorte de cylindre, sert à briser les mottes et à appesantir la terre ; l'autre, de même forme, mais revêtu de chevilles de bois taillées carrément par le bout, brise beaucoup moins les mottes et appesantit moins la terre ; mais aussi il tasse davantage le grain semé, parce qu'il fait absolument le même effet qu'un troupeau de moutons qu'on ferait passer sur une terre ensemencée. L'usage de ces deux rouleaux est donc bien différent : le premier ne doit guère s'employer qu'avant de semer, de peur d'unir tellement la terre, qu'elle ne se batte à la première pluie ; ce qui n'arrive pas lorsque le rouleau précède la herse, qui, pour ainsi dire, relève la terre en bosse, en remettant au-dessus les mottes qui peuvent être restées. Ce rouleau réussit fort bien lorsque la terre se trouve trop légère, et sur-tout lorsqu'elle contient de grosses mottes, qu'une longue sécheresse a empêché de briser. Je l'ai employé, avec succès, dans un trèfle resté en pacage depuis Juillet, et labouré, pour la première fois, en Septembre, et où la charrue laissa des mottes très-grosses et trop dures, à cause de la sécheresse : je rendis la terre en bon état, en la hersant et la roulant alternativement quatre ou cinq fois. En général, c'est pour les trèfles que ce rouleau est le plus utile ; et le seul cas où on doit le faire succéder au binot ou au hersage, c'est lorsque les trèfles retournés se trouvent trop légers, malgré toutes les façons qu'on leur a données. On pourrait aussi l'employer quelquefois dans les terres qu'on sème à la herse, qui ne se trouvent jamais si pulvérisées que celles qu'on binote.

Le rouleau à chevilles ne sert pas à briser les mottes, mais à comprimer médiocrement la terre et à tasser le blé : on l'emploie donc, avec succès, pour les terres qui se trouvent trop légères après avoir été semées et hersées. Il est également utile, soit qu'on sème à la herse ou au binot, et a l'avantage de ne pas briser entièrement les

16 *

mottes, et par conséquent de ne pas unir trop la terre, mais seulement de la tasser légèrement : aussi est-il d'un usage plus fréquent que l'autre ; il est souvent très-utile et ne peut presque jamais être nuisible. J'en fis beaucoup usage en 1802, où une grande sécheresse avait rendu les terres extrêmement légères ; plusieurs cultivateurs me le demandèrent, et je m'applaudis beaucoup de l'avoir tiré du hangar où mes devanciers le laissaient pourrir depuis dix années.

Quelles terres il faut semer d'abord.

On doit commencer par les terres les plus enherbées, afin d'arrêter promptement les progrès de l'herbe, et ne pas attendre la saison pluvieuse pour semer : on doit penser ensuite à celles qui n'ont pas d'engrais, et sont plus tardives que celles où la semence est fortement activée par la chaleur du fumier ou du parc. Les terres destinées à mettre le parc sur le blé veulent aussi être semées de bonne heure, afin que les blés soient déjà un peu forts quand ils seront foulés par les moutons. Il faut de même semer les premières, les terres les plus froides, afin que les blés y soient forts avant la saison rigoureuse. Pour les terres légères et sablonneuses, il faut prendre garde de les semer trop tôt, de peur que le blé y levant promptement, ne prenne trop de hauteur et de force avant l'hiver, et n'épuise trop tôt le suc de la terre.

Activité dans les semences.

Quand le tems est beau et la terre bien préparée, le cultivateur n'a pas un moment à perdre, et il apportera pour les semences la même activité et la même promptitude que pour la récolte. Ce n'est pas qu'un tems sec soit nécessaire pour semer le blé; au contraire, l'humidité lui est souvent utile, selon ce vieux dicton picard : *les avoines à la poudrette, et les blés à la marrette.* Mais il vient quelquefois en Octobre des pluies si fortes, qu'il n'est pas possible de manier la terre, qui regorge d'eau. Pendant ce tems les terres les mieux préparées poussent de l'herbe, et demandent ensuite des soins que la saison ne permet pas de donner. Notre cultivateur, à qui je suppose toujours huit chevaux d'attelage, doit donc mettre sur pied, pendant les semences, trois charrues et une herse, qui, au binot, feront environ quatre arpens par jour, et à la herse vingt, en hersant deux fois. Un seul semeur pouvant semer aisément huit arpens par jour, suffira pour ses quatre attelages, en supposant qu'on sème la moitié des terres au binot. En destinant donc le premier charretier pour semer, il faut au cultivateur deux hommes de plus, qu'il aura sans grands frais; car il ne faut pas pour les semences des gens bien habiles, il suffit qu'ils sachent tant soit peu manier la charrue, parce qu'on place toutes les charrues dans la même pièce, à la même distance, sous l'inspection du deuxième charretier, qui met ces charrues à point, et examine de tems en tems si le labour n'est pas trop profond, ou la raie trop large. De plus, pour éviter la dépense, on apprend à l'homme de cour à binoter, et ainsi on n'a besoin que d'un homme qu'on occupe à herser ou à rouler le labour des trois charrues ; deux opérations extrêmement aisées, et qu'on peut confier au premier venu.

Si le tems est incertain, qu'on ne fasse semer que pour le besoin ; qu'on fasse aussi herser tout de suite, même à deux ou trois herses, si les circonstances l'exigent. Quand les pluies sont si abondantes que les terres se battent beaucoup, ou qu'on y enfonce trop (ce qui est également l'effet de la pluie), et que deux ou trois jours se passent sans qu'on puisse herser ce qui est binoté, alors il vaut mieux ne pas toucher à la terre, parce que le blé ayant déjà travaillé, ce serait gâter tout que d'y toucher. Quand même le blé n'aurait pu être binoté, il vaudrait encore mieux le laisser, si on s'appercevait qu'il commençât à germer, et il pousserait également bien, pourvu que les gelées ne vinssent pas trop promptement. Ne vous alarmez donc pas si le tems vous empêche de recouvrir vos blés : la nature semble quelquefois se jouer de nos travaux , en donnant à ces blés plus de force qu'à ceux qu'on a arrangés avec le plus de soin. L'expérience m'a appris plus d'une fois qu'il fallait sans cesse travailler la terre , mais jamais s'inquiéter si les circonstances s'opposaient aux travaux que les règles ordinaires de l'agriculture ordonnent comme indispensables.

A tous ces soins que le cultivateur ajoute une surveillance presque assidue , afin que l'ouvrage se continue toujours avec la même activité. Quand le tems est beau , et qu'on a le monde nécessaire, les semences ne doivent pas durer plus de quinze jours , c'est-à-dire, environ deux semaines pleines. Il faut donc animer de sa présence , pendant ce court espace de tems , des travaux si intéressans ; c'est le dernier effort du cultivateur , le terme de ses fatigues. Qu'il ne se permette donc pas de rester tranquillement chez lui ou de s'absenter , tandis qu'on confiera à la terre l'espérance de la récolte future.

Fouir les arbres. — Fossés.

Qu'on n'oublie pas de fouir avec précaution les pieds d'arbres qui peuvent se trouver dans les terres ou le long des chemins ; cela est indispensable pour le blé , qui ne pourrait pas lever , et pour les arbres, qui ont besoin de culture. On aura soin aussi de garantir de bonne heure, par des fossés, les terres qui bordent les chemins, qu'il faut toujours entretenir en bon état, pour conserver sa propriété. Il est bon encore quelquefois de pratiquer, en dehors des fossés, un petit chemin pour les gens de pied, qui, autrement, entrent avant dans les terres, lorsqu'il fait mou.

Récolte des pommes.

Aussi-tôt les semences finies, il faut penser, dans les pays à cidre, à faire *hocher* les pommes ; le mieux serait de les laisser tomber d'elles-mêmes, si on ne craignait qu'on ne les volât ; mais si on ne peut le faire pour les terres à champ, il faut au moins avoir cette précaution pour les endroits entourés de murs ou de haies. Après la mi-Octobre, les pommes ne tiennent guère aux arbres, et on les abat aisément avec des perches, en frappant doucement sur la branche, et faisant attention de ne pas briser la pousse de l'année suivante. Lorsque les arbres sont bien chargés, quatre personnes qui abattent les pommes, et deux enfans qui montent sur les arbres, pour faire tomber les fruits en appuyant sur les branches, suffisent pour entretenir pareil nombre de ramasseurs, qui, à la journée, peuvent donner vingt-six muids de pommes. Il n'est besoin que de trois chevaux pour conduire à la maison cette quantité, au moyen d'un tombereau qu'on laisse toujours dans le champ, tandis que l'autre est en chemin.

Les pommes ramassées par tems de pluie ne se gardent pas. Qu'on choisisse donc un beau tems, et qu'on les dépose ensuite dans des endroits secs ou dans des herbages entourés de haies, où elles se conservent très-bien. Elles doivent être placées suivant leurs différentes espèces et l'usage qu'on veut en faire. Dans nos contrées, nous divisons les pommes en fruits doux et en fruits surs. Je n'en rapporterai pas les noms, parce que chaque canton a ses termes, et je n'ai trouvé dans Rozier, à l'article *Pommes à cidre*, aucune espèce qui portât le nom connu dans le pays que j'habite, quoique certainement nos espèces soient comprises dans la longue nomenclature qu'il en donne. Nous divisons aussi les poires en deux espèces : 1°. les douces, qui ne font que du cidre plat et sans couleur ; 2°. les piquantes, appellées *carisis*, qui servent à faire d'excellent poiré. D'après cela, on fera quatre divisions : 1°. les fruits doux ; 2°. les poires pour le poiré ; 3°. les fruits surs ; 4°. les fruits mélangés de poires et de pommes pour le cidre commun (1).

____

(1) Il existe un Traité complet sur la Vigne et le

Basse-cour.

Voici, en peu de mots, les soins qu'exige la basse-cour en Octobre : laisser les vaches aux champs, leur faucher la troisième coupe de luzerne, et si elle est trop courte, les y mettre deux heures le matin et autant le soir ; le matin après onze heures, et le soir à trois heures, de manière qu'elles en soient sorties à cinq ; ne les faire boire qu'une heure et demie après être rentrées, de peur que l'eau ne les fasse enfler, si une grande abondance de nourriture les y disposait : avec ces précautions, on tirera sans danger un grand profit des vaches, le regain de luzerne produisant d'excellent beurre. Mais j'interdis entièrement celui des trèfles ; quelque attention qu'on prenne, il n'arrive que trop souvent que les vaches y périssent, quelquefois même subitement. Cependant on a découvert, depuis

---

Vin, mais on était encore à en desirer un sur le Cidre, le Poiré, et la culture des arbres qui produisent ces liqueurs, dont on sent aujourd'hui tout le prix, même dans les pays vignobles. M. Dubois, Bibliothécaire de l'Ecole centrale du département de l'Orne, vient de remplir cette tâche d'une manière bien honorable pour lui et bien avantageuse au public, dans un ouvrage qu'il intitule modestement : *Du Pommier, du Poirier, du Cormier*, etc. 2 v. *in-12.*

quelque tems, un remède que j'ai éprouvé moi-
même ; c'est, aussi-tôt que la vache paraît enflée,
de l'attacher dehors de l'étable, pour qu'elle
respire librement ; lui mettre ensuite sur le corps
un drap mouillé, qu'on imbibe de tems en tems,
et lui faire un breuvage avec parties égales d'huile,
de sel et de suie ; deux heures après, lui donner
un lavement pour la faire vider.

Volailles.

On commencera à leur donner de l'orge mêlée
avec de l'avoine, parce que c'est le tems de la
mue, et que les premiers froids les empêchent de
pondre, si elles ne sont bien nourries.

Mois de Novembre.

Insere, Daphni, pyros; carpent tua poma nepotes.
Virgil. Buc.

LES semences de vesces, le pressurage des pommes, les plantations, tels sont les travaux de Novembre , qui sont rarement contrariés par le mauvais tems. Il arrive presque toujours, dans ce mois, quelques jours favorables à ces opérations, qui peuvent, sans inconvénient, s'avancer ou se retarder : souvent même un nouvel été succède aux pluies et aux brouillards d'Octobre. Qu'on profite de ces beaux jours pour semer les vesces.

Vesce.

Ce fourrage est si excellent pour les chevaux, il leur donne une telle vigueur et un tel courage, que rien ne peut le suppléer. Il ne faut pas cependant en abuser : si on leur en donnait une trop grande quantité, cela les échaufferait trop; il est même bon de le leur retrancher l'hiver, et d'y substituer la bizaille , qui est rafraîchissante. La vesce a encore un autre défaut, c'est d'engendrer beaucoup d'herbes ; ce que ne fait pas la bizaille, qui rafraîchit la terre sans l'épuiser. Je conseillerais donc de semer moitié vesce, moitié bizaille, et quant à la vesce, ne semer, avant l'hiver, que les deux tiers des terres qu'on y destine.

Terres propres à la vesce.

Toutes les terres sont propres à rapporter de la vesce, quand l'hiver n'est pas trop rigoureux ou trop pluvieux ; mais, comme il est rare de rencontrer un tems si favorable, il faut placer la vesce dans les endroits les moins exposés aux injures de l'air : ainsi les terres plates, noyantes ou qui se battent trop, ne lui conviennent pas ; celles qui sont froides, exposées à la gelée et au grand froid, ne lui sont pas encore propres : elle n'aime pas non plus les terres glaiseuses et trop fortes, les défrichemens de trèfle ou luzerne, parce que l'humidité la fait pourrir. Elle se plaît, au contraire, dans les terres qui n'ont pas beaucoup de fond, et sur-tout dans les terres caillouteuses, abritées du vent par une côte, par des haies, des arbres ou un bois : rarement la vesce d'hiver manque dans ces terreins, à moins qu'il ne survienne des gelées extraordinaires qui la fassent périr.

Culture de la vesce.

Le tems le plus propre pour semer la vesce, est depuis le premier Novembre jusqu'à la fin du mois ; ce grain, lorsqu'il est semé plutôt, pousse trop vîte avant l'hiver, et se trouvant trop fort au printems, est souvent la victime des gelées et brouillards de Mars, qui arrêtent sa pousse et l'empêchent de croître; et c'est ce que j'ai vu arriver à une vesce qui, quoique la plus belle du pays pendant l'hiver, a été ensuite tellement endommagée des brouillards et des petites gelées, qu'elle a donné une très-médiocre récolte. D'un autre côté, si on sème la vesce trop tard, il est à craindre que les gelées ou l'humidité ne fassent périr le grain avant qu'il soit levé, ou plutôt lorsqu'il sort de terre. Ce n'est pas qu'il ne se conserve très-long-tems intact dans la terre, d'où il sort quelquefois, avec abondance, en Mars et Avril; mais on ne peut pas toujours se flatter de cet avantage. La récolte est plus sûre lorsque la vesce est bien levée et a un pied suffisant avant les grands froids et l'humidité stagnante que produisent les pluies et les dégels.

La culture de ce grain est simple : on laboure une fois la terre, qu'on sème ensuite, et qu'on herse deux ou trois fois suivant le besoin. L'essentiel est de choisir un beau tems pour la travailler, et n'y mettre la charrue que lorsqu'elle sera bien ressuyée; car le plus grand ennemi de la vesce est l'humidité : ainsi, quand la terre est suffisamment sèche, que le labour, au lieu de se tailler par morceaux, s'émiette, et qu'un beau soleil, en séchant entièremeut la terre, la rend grise derrière la charrue, retournez les chaumes de blés, et semez chaque jour ce que vous aurez labouré, de peur que l'inconstance du tems ne dérange une si belle préparation. La quantité de semence est la même que pour le blé; on aura seulement soin d'en mettre davantage dans les terres fortes ou noyantes.

Pressurage des pommes.

Il ne faut cidrer les pommes que lorsqu'elles commencent à s'attendrir; c'est ce qu'on appelle *se parer*. Il ne faut pas cependant attendre qu'elles le soient trop; car, des pommes pourries contiennent moins de jus que celles qui, quoique parées, sont encore fraîches; elles ont un autre inconvénient, c'est de produire beaucoup de lie : on doit craindre aussi les gelées, qui quelquefois prennent de bonne heure, et qui non-seulement gâtent les pommes, mais encore empêchent de les pressurer, ou sont cause que le cidre se tire mal. Je divise le cidre en trois espèces, le commun, le bon, et celui de première qualité.

Cidre commun.

On doit faire du cidre commun pour les domestiques, et c'est une folie que de leur donner une boisson trop forte; il suffit qu'elle soit rafraîchissante et sans mauvais goût. Combien de pays qui ne boivent que de l'eau, et s'estimeraient heureux d'avoir du cidre léger pour boisson ! Ce cidre se fait avec mélange de pommes et poires, ce qui forme la quatrième division indiquée en Octobre. En Normandie, l'usage est de donner aux gens de la piquette, c'est-à-dire, le jus du marc pressuré une seconde fois ; il y a apparence que dans ce pays le marc reste plus gras. Ce qu'il y a de sûr, c'est que dans celui que j'habite, il serait presque impossible de rien tirer de bon, quand il est bien pressé et recoupé trois fois. Nous aimons donc beaucoup mieux mettre plus d'eau dans le cidre destiné à être bu dans l'année ; cependant la qualité des fruits doit décider encore de la quantité d'eau : ceux des terres à cailloux portent plus d'eau que les autres ; les pommes en exigent plus que les poires. On peut faire un muid de Paris avec un muid et demi de pommes, en mettant un tiers de muid d'eau. On divise cette eau et ces pommes par égales portions dans les pilées ; par exemple, en supposant le muid contenir en pommes six mesures, et en eau huit selles, on fera six pilées, chacune de trois mesures de pommes et d'une selle et demie d'eau, qui produiront deux muids de cidre, composé de trois muids de pommes et d'un muid une selle d'eau.

Bon cidre.

Il n'est pas nécessaire, pour que le cidre soit bon, qu'il soit fait uniquement avec des pommes douces et sans mélange de poires; car, 1°. les pommes douces rendent un jus agréable, mais peu abondant, et ont besoin des fruits surs pour stimuler un peu leur lenteur à sortir de la presse; 2°. les poires contribuent à rendre le cidre plus doux ou plus piquant suivant leurs qualités. Ainsi on fera de bon cidre, en mêlant dans les fruits doux, un tiers composé, moitié de fruits surs, et moitié de poires bonnes pour du poiré; on mettra par pilée la même quantité de pommes; seulement on mettra un tiers moins d'eau, c'est-à-dire, une seille; cette proportion est plus que suffisante pour faire du cidre vendable, soit aux débitans soit aux particuliers.

Plusieurs personnes croient trouver du bénéfice à faire du cidre meilleur, pour économiser la quantité de tonneaux. Sous ce rapport, l'économie est certaine; mais ils se trompent s'ils se croient dédommagés par la vente de la moindre quantité; en voici la preuve : supposons le muid de pommes à dix livres, il faut compter vingt-cinq livres pour faire un muid de cidre, avec un peu d'eau, puisque ce n'est encore que deux muids et demi de pommes; tandis que, suivant la manière que j'ai indiquée, on obtiendra pareille quantité de cidre, avec un muid et demi de pommes revenant à 15 livres. La différence des deux boissons est par conséquent de dix livres; or, je le demande, existe-t-il cette différence entre le cidre commun et le bon cidre? Il s'en faut de beaucoup; car, je n'ai jamais vendu le meilleur cidre six livres par muid de plus que l'inférieur : d'ailleurs on trouve plus aisément à se défaire du cidre commun, et il est de la prudence de prévoir l'année de stérilité, en assurant, pour deux ans, la provision de cidre des gens.

Cidre, première qualité.

Pour faire ce cidre, il faut, pour un muid, trois muids de pommes de la meilleure espèce, mêlés avec un cinquième de poires propres pour le poiré; les pommes doivent être suffisamment parées; les poires, au contraire, doivent être pelées toutes fraîches pour conserver leur force; ce mélange de poires ôte, il est vrai, un peu de couleur au cidre, mais aussi il le rend plus clair, plus vif, plus pétillant, et le fait caper plus promptement. Comme on ne met pas d'eau dans la pile, il est bon, pour empêcher le marc de se répandre, de l'humecter avec un seau de bon cidre : lorsque la presse coulera, on entonnera promptement, de peur que le cidre ne s'évente, et on aura soin de le mêler dans plusieurs pièces, afin qu'il soit de même qualité; attention sur-tout nécessaire pour le cidre commun, dont le moins bon sort le premier, parce que l'eau s'échappe plutôt que le jus de la pomme. Le cidre entonné doit être promptement conduit à sa destination, de peur qu'en lui laissant le tems de fermenter, on ne le trouble en le déplaçant, et on tâchera de le mettre dans un endroit chaud et le moins exposé possible à l'air : aussi-tôt qu'il y est placé, on le débonde et on le remplit presque entièrement, afin qu'il bouille plus promptement. Il est vrai qu'il se répand quelquefois, mais en fait de bon cidre, il vaut mieux s'exposer à en perdre un peu pour l'avoir meilleur; en général, pour qu'il soit bon, il faut qu'il cape dans les trois premiers jours qu'il est à la cave. On dit qu'il est capé, lorsque, à force de bouillir, il jette en haut, par la bonde, une lie épaisse qui, en s'accumulant, fait un croûte assez dure pour ne pas être enfoncée avec le doigt; quelquefois la cape reste plusieurs jours, d'autres fois aussi elle retombe quelques heures après : il faut donc, dans les premiers jours, visiter souvent le cidre, pour profiter du moment qu'il est bien capé pour le soutirer. Il faut cependant examiner s'il est clair, car il ne faudrait pas y toucher s'il ne l'était pas; ordinairement il est clair quand il est capé ; ce que l'on tire alors se trouvant entre deux lies, celle de dessus et celle de dessous, et c'est ce qui assure la bonté du cidre, qui en même tems reste toujours doux; mais il arrive quelquefois qu'il n'est pas clair, et qu'aussi-tôt qu'on en tire, la cape retombe, et par conséquent le trouble; alors on ne ferait que le gâter en le tirant, il vaut mieux attendre qu'il soit clair, ce qui arrive quelquefois peu de tems après, lorsqu'il cesse de bouillir, et que par conséquent la lie reste fixée en haut : il y a des cidres qui éclaircissent promptement sans caper, il faut, dans ce cas, les tirer et saisir le moment; car j'ai vu ne pouvoir plus soutirer des cidres, pour avoir différé de quelques jours, espérant qu'ils s'éclairciraient davantage, tandis qu'au contraire ils se sont troublés pour plusieurs mois. Une attention encore indispensable pour avoir de bon cidre, c'est de ne soutirer que ce qui est parfaitement clair, et de s'arrêter aussi-tôt que l'on voit paraître tant soit peu de lie; le déchet est considérable, puisqu'il est du tiers au moins; mais il faut faire quelques sacrifices pour avoir de bon cidre, et on ne peut rien espérer d'excellent s'il n'est clair. On laisse le cidre soutiré s'éclaircir et se reposer deux ou trois mois environ, après quoi on le tire en bouteilles: celles qui lui sont le plus convenables sont celles de grès, parce qu'elles sont plus poreuses et moins sujettes à casser; pour éviter cet accident, elles doivent être légèrement bouchées et posées obliquement. Vers le mois de Juin, ce cidre devient agréable et pétillant, au point de mousser comme le meilleur vin de Champagne. Telle est la manière de faire du cidre de première qualité, manière cependant qui ne réussit pas toujours, parce qu'elle dépend de mille attentions nécessaires pour le faire caper et le rendre bon. La plus petite précaution oubliée suffit pour ne pas réussir; et encore, avec toutes ces précautions, l'intempérie de l'air s'oppose souvent aux succès qu'on espérait; de grands vents, de petites gelées suffisent pour empêcher le cidre de caper, sur-tout quand il est fait sans eau. Voilà pourquoi il faut fabriquer le cidre qu'on veut faire caper, le plutôt possible, et aussi-tôt que les pommes sont assez parées. Un soin dont je ne parlais pas, c'est de bien choisir les pièces qui doivent contenir le bon cidre, écarter celles qui ont quelque mauvais goût, et remarquer celles dans lesquelles le cidre se bonifie; car souvent la bonté du cidre dépend des pièces qui le renferment, et on est tout surpris de voir du cidre de même qualité, bon dans une pièce, et très-médiocre dans une autre. Rarement j'ai réussi à faire ce cidre de première qualité, qui alors a été de pair avec le meilleur de Normandie : aussi ai-je

pris l'habitude de n'en faire que peu sans eau , et
une plus grande quantité avec les mêmes précautions , mais en y ajoutant une seille d'eau par
pilée , ce qui le fait caper infailliblement ; ce cidre est aussi pétillant que l'autre , mais plus léger,
et , pour cette raison , plusieurs personnes le préfèrent pour boisson habituelle , l'autre étant si
fort qu'on ne peut en boire beaucoup à la fois.

Il y a une autre manière de faire de bon cidre
sans frais : c'est de mettre à part toutes les dernières recoupes de cidre commun ; ces recoupes,
qui forment le plus excellent jus du cidre, et
qu'on appelle *mère-goutte* , font toujours d'excellente boisson , qui ne manque jamais de caper,
à cause de l'eau qu'elle renferme (1).

Plantations.

Le mois de Novembre est le plus propre pour
les plantations. La terre n'a pas perdu toute sa
chaleur; elle se travaille encore bien , et promet
aux jeunes plants un suc augmenté par les pluies

______

(1) Ceux qui desireront de plus grands détails sur
la manière de faire le cidre et de gouverner les pommiers , se procureront la petite brochure du marquis
de Chambray , et de préférence , l'ouvrage plus ré-
cent de M. Dubois , dont nous avons déjà parlé. Ces
deux productions ont été imprimées par Marchant ,
rue des Grands–Augustins , n°. 12.

et les frimas de l'hiver. C'est un devoir pour un père de famille de planter; aussi le cultivateur doit-il, tous les ans, planter une certaine quantité d'arbres pour réparer la perte de ceux qui sont morts de vieillesse, ou qui ont été abattus par les grands vents; il se trouve toujours beaucoup de terrein perdu le long des chemins et des bâtimens, et on ne peut l'employer plus utilement qu'en plantant des arbres.

Quels arbres il faut planter.

Près des terres à blés, il ne faut mettre que des arbres fruitiers, qui dédommagent, par leur rapport, de l'ombre nuisible aux grains, et d'ailleurs n'ont pas de racines pernicieuses comme les autres arbres, et sur-tout l'orme, dont les racines s'étendent très-loin, et poussent des rejets à trente pieds dans la terre voisine. Le peuplier se plaît beaucoup et pousse promptement dans les terres aquatiques, sans nuire à la culture; mais le seul profit est l'émondage, le bois en étant d'une médiocre valeur. Les arbres qu'on plante doivent être choisis avec soin, et il faut prendre les plus vigoureux, les plus droits, et ceux qui ont une écorce claire; ils ne doivent pas être tirés d'un sol de première qualité, car alors ils dégénèrent s'ils sont transplantés dans un terrein inférieur; ils doivent être arrachés avec précaution, et avoir

le plus de racines possible. Les trous ne seront
pas profonds, dans les pays où la terre n'a pas
beaucoup de fond, afin que les arbres ne se trouvent pas plantés dans la glaise ou l'argile, à
moins qu'on ne les remplisse, au moins à moitié,
de bonnes terres. On aura soin de bien étendre
les racines, de ne les pas froisser, et de les couvrir ensuite de terre, qu'on tassera peu-à-peu avec
le pied, pour les raffermir : on y joint avec succès des gazons qui, en pourrissant, forment un
excellent engrais. Il ne reste plus qu'à épiner les
arbres pour les préserver de toute insulte, et
quand ils sont trop faibles pour se soutenir, y
ajouter un petit étai de bois, qu'on nomme *tu-*
teur. Quant à la distance où ils doivent être placés, les pommiers, par leur structure, en exigent une plus étendue. Un ancien voulait trente
pieds entre les poiriers : *spatia inter pyros tri-*
genta pedum (1). Je crois que vingt-quatre pieds
seraient plus que suffisans.

Haies vives.

C'est aussi l'époque de la plantation des haies
vives. Il faut, pour deux toises, une botte d'é-
pines de cinq pieds de tour, et le plant doit être
arraché le plus jeune possible, celui qui est vieux

---

(1) Palladius.

étant sujet à manquer. Pour planter une haie, il faut faire une petite rigole d'environ un pied de profondeur, puis recouvrir le pied de l'épine avec de bonnes terres qu'on prend à côté, et l'entasser ensuite avec les pieds : cette haie vive doit être défendue par une haie morte, qu'on entretiendra deux ou trois ans seulement.

Plantation d'ormes.

Le cultivateur ne doit pas oublier de planter des ormes et frênes pour le charronnage, afin de n'être pas obligé d'en acheter ; car sa science doit consister principalement à beaucoup vendre et à guère acheter. Il est difficile qu'il ne trouve pas, dans ses champs, quelques rideaux ou quelques coins inutiles, qu'il puisse employer à ces plantations : l'endroit le plus propre est autour de la maison, ce qui réunit trois avantages : 1°. d'égayer un peu l'habitation du propriétaire ; 2°. d'éviter les frais de transport ; 3°. de préserver les bâtimens de la fureur des vents ; et cette dernière considération n'est certainement pas la moindre.

Culture des terres.

Le labour le plus pressé est celui des terres destinées à mettre du mars : on doit commencer par les plus enherbées, afin que les gelées détruisent entièrement l'herbe. Si l'on entame la jachère, qu'on fasse de préférence les terres à orge, parce que ce grain forme quelquefois un regain qui épuise la terre. Les terreins caillouteux et argileux ne doivent pas être labourés avant l'hiver, parce que le labour se durcit tellement aux gelées qu'il rend quelquefois la terre encore plus compacte; au lieu qu'après l'hiver ces terres se cultivent bien, et souvent plus facilement. Généralement parlant, je n'adopte pas beaucoup le labour avant l'hiver, ayant éprouvé qu'il fait souvent le tourment du cultivateur, parce qu'il rend la terre plus susceptible de produire de l'herbe en Mars et Avril, c'est-à-dire, dans un moment où on ne peut y remédier. Écoutons là-dessus Arthur Young : *les partisans du labour d'automne disent, la terre jouit des avantages d'être exposée aux influences de l'atmosphère ; ainsi les parties nitreuses peuvent pleinement se développer. Voilà des mots sonores : mais qu'on laboure partie en automne, partie en printems, et qu'on juge la récolte. Quand on diffère de labourer la terre, dans les terreins humides, la pluie coule plus aisément sur la surface* (1).

Mi - Novembre.

La mi-Novembre est une époque remarquable

---

(1) Voyage en France , tome III.

pour le propriétaire. Les récoltes de toutes espèces sont terminées; les terres ensemencées offrent déjà une agréable verdure; tout dans la ferme respire l'abondance; les granges, les greniers, les celliers, tout est rempli; la bergerie, long-tems vacante, renferme le troupeau que le froid ramène à la maison. Déjà le maître ne reconnaît plus ses bêtes à laine; les agneaux se confondent avec les mères; en vain cherche-t-il ses antenois, ils sont aussi forts que les vieux moutons. Ces derniers, engraissés par l'herbe des champs, attirent sur-tout ses regards : il calcule, en souriant, le profit qu'il en tirera sans diminuer son troupeau, parce que ses brebis repeupleront bientôt ses bergeries. C'est donc véritablement, pour le cultivateur, un moment de jouissance; c'est alors qu'il peut, pour ainsi dire, se reposer sur ses lauriers, et contempler avec plaisir le fruit de ses travaux; calculer à loisir ses gains et ses pertes, goûter les douceurs de la maison avec sa femme et ses enfans, et s'occuper de l'intérieur de sa ferme.

Examiner les granges et les fourrages.

Il visite d'abord sa grange, examine combien il lui reste de gerbes à battre et combien rend son blé. Il calcule, d'après cela, ses richesses et ce dont il peut disposer, après avoir prélevé la con-

sommation de la maison et le salaire des moissonneurs, calvaniers et autres. Il examine aussi
sa récolte en avoine et ce qu'elle rend; et s'il
prévoit devoir en manquer, malgré toute l'économie possible, il en achète tout de suite, parce
qu'elle est à bien meilleur marché qu'en été. Il
monte aussi à ses greniers; et après avoir exa-
miné sa récolte en luzerne, trèfle, sainfoin,
vesce et bizaille, il prend les mêmes précautions
que pour son avoine.

Vaches et Moutons.

Cet examen de fourrage lui est nécessaire pour
savoir ce qu'il gardera de bestiaux; car il vaut
beaucoup mieux en garder moins et les mieux
nourrir : s'il a beaucoup de fourrage, il s'en servira pour faire des élèves; il achetera de forts antenois, auxquels il donnera une petite quantité
de foin par jour, pour les entretenir en bon état.
Au contraire, s'il n'a pas assez de fourrage pour
ses moutons, qu'il vende, à la première foire,
les plus gras et les plus âgés, ainsi que les brebis
trop vieilles et les agneaux trop faibles; ceux-ci,
en deshonorant son troupeau, ne pourraient
même profiter avec des agneaux plus vigoureux,
qui les affameraient en peu de tems. Pour les
vaches, à moins qu'il ne s'en trouve d'infécondes
ou peu laitières, il ne doit pas s'en défaire, quand

il n'aurait pas de fourrage à leur donner, les vaches pouvant, excepté lorsqu'elles vêlent, s'entretenir quatre mois avec de la paille d'orge ou d'avoine : la disette de fourrage engagera aussi à se défaire des génisses qui, étant trop jeunes pour se contenter de la nourriture frugale des vaches, pourraient par conséquent dépérir.

Chevaux. — Leur nourriture.

Il est nécessaire aussi, à cette époque, de prendre de nouveaux arrangemens pour les chevaux et leur nourriture ; d'abord, pour les chevaux, si on n'a pas assez de fourrage, et qu'il soit cher, il vaut beaucoup mieux se défaire des plus vieux ou des plus médiocres, parce qu'on peut s'en passer au moins pendant les trois mois d'hiver ; quant à la nourriture, l'avoine doit leur être donnée en plus petite quantité, si on craint d'en manquer, et réservée pour un moment où ils travailleront davantage. Il faut leur donner aussi le fourrage le moins bon, la longueur des nuits leur laissant le tems de manger une nourriture moins friande. Il faut même les accoutumer à consommer beaucoup de gerbées ; rien ne convient mieux au cheval, rien ne le rend plus vigoureux que la paille, sans parler de l'avantage qu'il y a de faire beaucoup d'engrais.

Gens à gages.

La mi-Novembre est aussi une époque remarquable pour la réforme des valets. On ne doit garder l'hiver que ceux dont on a absolument besoin, ou qui sont de si excellens sujets qu'on ne saurait les remplacer ; et c'est le moment de se défaire d'un charretier et d'un homme de cour.

Basse-cour.

La maîtresse fera, de son côté, ses recherches et ses réformes : elle ne gardera de cochons que ceux qui sont nécessaires pour la consommation de la maison. Comme l'hiver ils ne sortent pas, ils coûtent beaucoup, et en outre détruisent et renversent tout, il faut en diminuer le nombre le plus possible.

Les volailles n'échapperont pas davantage à sa réforme. Les poulets, qui sont déjà forts, seront vendus, de peur qu'ils ne dépérissent l'hiver : elles se défera aussi, peu-à-peu, de ses dindons, oies, canards, chapons, et ne gardera que ce qu'il faut pour la provision de la maison. Les femelles destinées à pondre et à couver seront réservées, et son œil attentif saura distinguer les bonnes mères d'avec celles qui abandonnent promptement leurs petits. Pour les coqs , elle ne laissera aussi que le nombre nécessaire , réforme indispensable pour assurer la tranquillité des femelles et éviter des combats sanglans.

MOIS DE DÉCEMBRE ET JANVIER (1).

Donne aux soins les beaux jours, et l'hiver à la joie.
Trad. de Del. liv. I.

TOUT nous avertit, à cette époque, du repos nécessaire à l'homme, et au cheval, ce précieux compagnon de ses travaux. La briéveté des jours, la terre couverte d'eau ou de frimas, ne permettent plus de rester long-tems exposé aux injures de l'air; aussi, après avoir recommandé sans cesse l'activité et le travail, j'exhorte maintenant le cultivateur à écouter la voix de la nature, et à se laisser aller, pour ainsi dire, à une douce inertie : loin de lui être préjudiciable, elle lui procurera de grands avantages, s'il sait l'accompagner de l'économie ; car voilà toute son étude dans ces deux mois. Economie de nourriture pour les hommes, économie de fourrage pour les bestiaux, économie d'huile et de bois pour le ménage, économie d'ustensiles aratoires ; voilà ses richesses pendant l'hiver, qui, sans ces économies, le cousume et le ruine.

---

(1) Décembre et Janvier ont une telle conformité, que c'est éviter l'ennui des répétitions, que de les réunir.

Distribution du travail d'hiver.

Le cultivateur change entièrement le régime de sa ferme : le lever de ses gens ne précède plus que de quelques instans celui du soleil ; ils pansent leurs chevaux avec soin et leur donnent à manger. Pendant ce tems la ménagère prépare la soupe ; à dix heures on se met à table ; à onze on en sort, et on travaille, si le tems le permet, jusqu'à cinq heures. A six heures, le souper ; à sept, tout le monde est retiré. Par ce moyen les chevaux ne mangent que deux fois l'avoine, le matin et le soir ; on brûle peu de bois et d'huile, parce que le matin on attend le jour pour le travail, et qu'on abrège beaucoup la soirée. Cette manière de vivre, nécessaire pour l'économie, est commandée aussi par la saison, les pluies ou les gelées ne permettant guère de manier la terre avant le milieu du jour ; ce que je dis seulement pour les petites pluies ou les gelées de peu de durée ; car, 1°. lorsque la terre est imbibée d'eau, y mettre la charrue serait s'exposer, comme je l'ai vu, à la gâter pour le reste de l'année. On gagne beaucoup alors à rester en repos, et on perd tout en travaillant.

> Il vaudrait mieux faire le fou,
> Que de labourer en tems mou.
> *Olivier de Serres.*

2°. Lorsque la terre est durcie par de fortes gelées, la charrue ne fait alors que l'écorcher; ou
si elle y pénètre suffisamment, elle taille de trop
grosses mottes ; deux inconvéniens qu'Olivier
nous conseille encore d'éviter :

> Pendant les glaces de l'hiver,
> Ne faut les terres cultiver.

Attendez donc sans impatience un tems propre
pour cultiver vos terres. La briéveté des jours
vous effraie peut-être? Mais qu'une charrue fait
d'ouvrage en six heures d'hiver, lorsqu'elle est
attelée de trois chevaux vigoureux à qui le repos
a donné une nouvelle ardeur!

Amendement des terres.

S'il gèle, on charriera le fumier, en établissant,
par deux attelées de quatre chevaux, trois voitures, dont l'une reste dans la cour pour être
chargée, tandis que les deux autres vont et viennent. Pour avoir de bon fumier, il faut avoir
soin, lorsqu'on nettoie les écuries et étables, de
mêler ensemble les fumiers de cheval, de vaches, de moutons et de porcs; c'est une attention que n'ont presque jamais ceux qui ôtent
les fumiers, et qui est cependant importante :
en effet, le fumier de mouton et de cheval est
chaud, celui de vache est rafraîchissant, celui

de porc ne peut être employé tout seul, et est, en particulier, très-pernicieux aux arbres; cependant l'assemblage de tous ces fumiers réussit presque toujours on ne peut mieux.

Une attention encore indispensable pour le fumier, c'est d'avoir soin que sa saumure ne s'écoule pas, parce qu'il perd presque toute sa qualité quand il est dépourvu des sels qui le rendent efficace. Il faudrait donc, ou avoir un trou à fumier pavé, afin d'y conserver tout son sel, ou au moins entourer son tas de fumier d'un rempart en cailloux ou briques qui empêchât le jus du fumier de s'égoutter dans les grandes pluies, et d'aller se perdre dans les eaux de la cour ou de l'abreuvoir. Les curieux, les amateurs verront, dans Arthur Young et dans Deplanazu, la description de fosses à fumier, qui ne laissent rien perdre de la substance fertilisante ; mais les moyens que j'indique sont, je crois, suffisans pour maintenir et conserver ces sels. On peut encore tirer parti de l'urine des chevaux et des vaches, en pratiquant, dans les écuries et étables, un écoulement qui tombe dans le tas de fumier.

Différens travaux pendant la gelée.

S'il gèle encore quand la cour sera entièrement débarrassée, on choisira ce moment pour faire tous les charrois nécessaires pour les réparations des bâtimens, comme briques, ardoises, tuiles, etc. ; ou pour les engrais qu'il faut aller chercher au loin, comme le plâtre ou les cendres de tourbes : ces derniers objets étant toujours à meilleur marché l'hiver, parce qu'il n'y a que ceux qui ont quelque avance qui en achètent alors.

Occupation intérieure.

Tous les travaux dont la gelée est susceptible sont terminés, et l'hiver prolonge encore ses rigueurs ; faut-il laisser pour cela ses domestiques sans occupation ? L'oisiveté les rendrait bientôt insolens et libertins. Il faut donc, pour les occuper, leur faire fendre des souches, leur faire faire des gluys ou asseilles, leur faire battre même de l'avoine ou du blé, plutôt que de les laisser toujours au coin du feu ; et comme il arrive souvent que les valets de charrue refusent de battre, il ne faut pas les louer qu'on n'en fasse une convention expresse.

Basse-cour.

Les bestiaux peuvent toujours être nourris de gerbées, à moins qu'il ne gèle, ou que la terre soit couverte de neige ; alors, comme ils ne peuvent pas aller aux champs ou dans les herbages, il faut les en dédommager en leur donnant du fourrage, qu'on leur retranche lorsqu'ils retournent à la pâture. Quand il fait froid, qu'on ait soin de tenir les vaches dans une chaleur modérée, en bouchant toutes les ouvertures de l'étable. Il faut faire tout le contraire pour les moutons, dont la bergerie, quoique close, doit toujours avoir un courant d'air qui entretienne la salubrité. Ce qui est commun à ces deux espèces d'animaux, c'est qu'ils doivent être tenus proprement et souvent nettoyés, même dans les froids ; on aura par-là le double avantage de se procurer beaucoup de fumier, et de contribuer à la bonne santé des bestiaux.

Volailles.

Il faut augmenter ou presque doubler leur nourriture, lorsque la gelée ou la neige les empêche de gratter l'herbe ou le fumier : les oies sur-tout souffrent beaucoup alors, parce que l'herbe est leur principale nourriture ; aussi faut-il avoir soin de leur donner à manger séparément, afin que ces animaux gloutons n'absorbent pas en un instant la nourriture des autres volailles. Le froid exige encore plus de précautions pour les poules que pour les autres animaux ; il faut donc bien fermer leur poulailler, et les abriter le mieux possible. C'est le moment de leur donner pour nourriture du blé-noir mêlé avec de l'orge. Les

dindons et les oies ne demandent pas à être renfermés ; au contraire , ils engraissent pendant les
gelées , et supportent très-bien les injures de l'air.

Pigeons.

Lorsque la terre est couverte de neige , il ne
faut pas oublier qu'elle ne fournit plus aucune
nourriture aux pigeons ; il faut donc alors leur
donner un peu de vesce pour les alimenter.

Départ du Propriétaire.

Invitat genialis hiems , curasque resolvit ,

nous dit Virgile. (1) Cédez donc aux invitations de
la saison , aux sollicitations de votre femme et de
vos enfans ; retirez-vous à la ville pendant les
mois rigoureux de Décembre et de Janvier. Je
vous le permets , je vous y engage , si toutefois
vous avez une ménagère et un premier charretier
dignes de votre confiance ; car vous vous livrerez
tranquillement au repos et aux charmes de la société , quand vous aurez fixé à la ménagère la
nourriture des gens et des bestiaux , et prescrit au
premier charretier l'ordre des travaux et le gouvernement des chevaux. Néanmoins ne vous re-
posez pas tellement sur eux , que vous ne mettiez
tout en ordre avant de partir ; que vous ne sachiez

---

(1) Georg. l. I.

exactement le compte de tous les grains battus,
et que même vous ne fermiez à clef tous les fourrages, en mettant à part la quantité nécessaire
pendant votre absence.

MOIS DE FÉVRIER.

Et ses chevraux , tout fiers de leur corne naissante ,
Se font , en bondissant, une guerre innocente.

Georg. de Del. l. I.

FÉVRIER , encore tout couvert de frimas , rappelle néanmoins le propriétaire ; s'il lui permet de prolonger un peu son séjour à la ville , au moins il ne veut pas laisser à Mars la satisfaction de lui voir reprendre un gouvernail long-tems abandonné : il veut courir avec lui à ses granges et greniers , pour examiner si tout est dans le même ordre ; l'accompagner dans les écuries et étables , pour voir si les chevaux et bestiaux sont en bon état, compter les agneaux venus pendant son absence, enfin faire une revue générale de tous les ustensiles de ménage et de labour. L'hiver est, pour ainsi dire , passé pour les valets ; les jours allongent sensiblement, et avant sept heures ils partent pour les champs. Rentrés à midi , ils repartent avant deux heures , et travaillent jusqu'à six , ce qui fait encore neuf heures de travail par jour. A sept heures , tous se livrent au repos, excepté cependant la ménagère et les servantes , qui, pendant les trois mois d'hiver , doivent rester jusqu'à onze heures à filer du chanvre ou à raccommoder le linge du ménage.

Culture des terres.

Le tems presse de labourer les mars ; aussi les travaux reprennent-ils leur activité, sur-tout si les deux mois qui ont précédé ont été peu favorables à la culture. Qu'on donne aux mars un labour aussi profond que la terre peut le permettre ; comme elle ne doit avoir qu'un labour (sans compter le binot), il faut qu'il soit complet, pour détruire l'herbe et rendre la terre meuble. Dans les terres douces, souvent le labour avant l'hiver réussit, mais presque jamais pour les terres à cailloux, qu'il suffit de commencer au premier Février ; il arrive même que les terres douces deviennent trop dures, sur-tout celles qui sont sujettes à se battre par la pluie ; au lieu que celles qu'on ne fait qu'en Février, sont encore fraîches lorsqu'on sème, et ont même le tems d'être purgées de mauvaises herbes. S'il fait quelques journées de vent ou de soleil, on commence ses mars par les terres auxquelles on destine de l'avoine, parce qu'elles exigent d'être semées de bonne heure, et veulent être recouvertes au binot. Après les avoines, il faut penser aux orges, qui ont encore plus besoin de culture, mais qui ne pressent pas autant, parce qu'elles se sèment tard, et que

les labours peuvent se faire à quinze jours de distance. On s'occupera ensuite des vesces et des
pois, dont une partie sera semée à deux raies;
car je conseille d'en réserver une pour n'être labourée qu'au tems des semences. Ce sera d'abord
une grande économie de tems, et de plus on
verra par expérience que ces grains sont toujours
plus beaux quand on les sème sur un seul labour.

Plantations.

Si le tems n'a pas encore permis de planter, il
ne faut pas passer ce mois sans faire les plantations nécessaires; elles réussissent encore à cette
époque, mais on ne peut différer plus tard.

Basse-cour. — Vaches.

Les vaches s'entretiennent encore fort bien pendant ce mois avec des gerbées de blé, avoine et
orge, ainsi qu'à la menue paille qui provient de
ces grains, sur-tout lorsqu'elles pâturent quelques
heures par jour. Comme c'est à peu près vers ce
tems que viennent les premiers veaux, voici les
soins qu'elles exigent lorsqu'elles vèlent. D'abord,
un mois auparavant, il faut les mettre à part,
pour les nourrir avec plus de soin; il faut les éloigner sur-tout de celles qui heurtent, et qui pourraient par conséquent leur occasionner un avorte-
ment. La ménagère doit aussi ne plus les traire,

quand même elles auraient encore du lait, parce que cela les fatiguerait et nuirait à la nourriture de leurs veaux. Lorsqu'on s'apperçoit qu'une vache veut vêler, il faut la visiter souvent et ne point l'abandonner, même la nuit, à moins qu'on ne soit averti par quelqu'un qui couche auprès de la vacherie. La vache risque de perdre son veau, s'il ne se trouve quelqu'un pour le recevoir, parce qu'il est à craindre qu'elle ne pousse la matrice en dehors, comme cela arrive quelquefois. Pour prévenir cet accident, il faut tenir les vaches, quand elles sont prêtes à vêler, un peu plus hautes par derrière, et avoir soin par conséquent d'y entretenir une bonne litière. Si le veau ne se présente pas bien, il faut le repousser et faire venir la tête la première. Lorsqu'il est venu, on le met dans un van, pour le porter ensuite dans une autre étable, où la mère ne le voie ni ne l'entende. On le couvre là d'une grande quantité de paille fraîche, pour qu'il se ressuie ; après quoi on l'attache et on le tient chaudement, en lui faisant une petite cabane de paille.

Quand la vache a vêlé, elle ne doit pas encore être abandonnée, qu'elle n'ait jetté entièrement l'arrière-faix, de crainte qu'elle ne le mange ; ce qui la gâterait pour toujours, et la ferait rester maigre. On donne à la vache, aussi-tôt le *vêlé*, un peu d'avoine pour la réchauffer et la fortifier.

Si, au bout de douze heures, elle n'était pas encore entièrement débarrassée, on la soulagera en lui faisant avaler un breuvage composé de sabine, hâchée menue, et mêlée avec quelques poignées de froment : ce breuvage doit être tiède, et cela pendant la première quinzaine : on y mêle un peu de son pour refaire et rafraîchir la vache, qu'on aura soin de ne pas envoyer à la pâture les huit premiers jours.

J'ai parlé, au mois de Mai, de la manière d'élever les veaux destinés au boucher. Si on garde une génisse pour l'élever, qu'elle vienne d'une mère forte et bonne laitière, qu'elle ait de gros membres, une grosse tête et de l'appétit ; car, celles qui n'en ont pas, restent souvent chétives. Qu'on les nourrisse bien, non pas comme les veaux qu'on veut engraisser, mais de manière à se bien porter et à profiter. C'est une fort mauvaise économie que de mal nourrir de jeunes bêtes, parce que cela arrête leur croissance, et les rend toujours de peu de valeur.

Vaches en graisse.

Lorsqu'on s'apperçoit qu'une vache n'est pas pleine, il vaut mieux la vendre, sur-tout si elle commence déjà à s'engraisser naturellement, ce qui est une marque presque infaillible qu'elle sera long-tems sans rapporter ; on est souvent tenté de l'engraisser tout-à-fait, pour la vendre avec plus d'avantage ; mais je n'y trouve pas de bénéfice, lorsque le fourrage et les grains sont chers. En effet, il arrive souvent qu'on ne retire pas sa dépense, comme on peut s'en convaincre par le calcul suivant : supposons qu'on vende 120 liv. une vache qui donne encore du lait, et qui n'est pas pleine ; il en coûtera, pour bien l'engraisser, au moins 54 liv.; savoir : un sac de seigle moulu de 15 liv., un d'orge de 12 liv., un cent de luzerne ou trèfle de 15 liv., un demi-cent de pois ou vesce de 12 liv.; or, est-on certain de vendre 174 liv. (1) une vache qui, après avoir dépensé tout ce que je viens de dire, ne sera peut-être pas encore grasse, soit que, par un caprice de la nature, elle vienne en chaleur, soit qu'elle se dégoûte ou s'ennuie d'être seule ? On ne doit donc l'engraisser que dans le cas où, d'elle-même, elle serait devenue presque grasse, ou que les denrées seraient à un très-bas prix. En vendant sa vache sans l'engraisser, on peut, sans aucune perte, en acheter une sur le point de vêler. En la payant même un tiers de plus, on est dédommagé amplement par le veau et par l'abondance du lait; cependant, quand il arrive à une jeune vache

____

(1) Je préviens que, dans nos contrées, le prix ordinaire d'une vache est depuis 100 jusqu'à 150 liv.

de passer même un an sans devenir pleine, on
fera mieux de patienter; ce repos ne sert qu'à
la fortifier, et on en a vu souvent devenir ensuite
d'excellentes vaches.

Maladie des vaches.

Leurs maladies les plus ordinaires sont : le dégoût, la colique, l'enflure. Pour le dégoût, prendre du sel avec de fort vinaigre, dans lequel on
fait infuser des poireaux et des ciboules, qu'on
fait avaler à la vache. Pour la colique, fendre la
queue à l'extrémité pour la faire saigner, lui
couper aussi le bout des oreilles; puis, avec un
bâton rond, lui frotter rudement le ventre, lui
donner plusieurs lavèmens, et lui faire avaler
ensuite des ognons cuits, trempés dans du gros-
vin, en ayant soin de la faire promener, et de
ne pas souffrir qu'elle se couche, ce qui augmente
ses douleurs au lieu de les calmer. Quant à l'enflure, voyez le remède indiqué en Octobre.

Moutons.

Les moutons n'exigent pas d'autres soins que
de les tenir toujours dans une température aérée,
et de leur donner du foin les jours qu'ils ne sortent pas, à la quantité d'une botte pour dix moutons; quant aux brebis, on ne doit les séparer
que quand elles ont mis bas, pour leur donner

une nourriture meilleure et plus substantielle ;
cette nourriture consiste à leur donner une demi-
botte de trèfle ou foin, et, trois fois par jour,
un peu de son mêlé dans de la même paille, y
joignant de l'avoine pendant les premiers jours.
Les brebis ne donnent presque jamais d'inquiétude et n'exigent aucun soin au moment d'agne-
ler ; lorsque leur jour est venu, on est tout surpris, à l'instant où on s'y attend le moins, de
voir son troupeau augmenté d'un petit agneau
qui court en naissant : la seule attention doit être
de recommander au berger de laisser à la maison
les bêtes à terme, de peur qu'elles ne mettent
bas dans les champs, où le froid et le mauvais
tems seraient préjudiciables aux petits. Quinze
jours au plus après avoir agnelé, les brebis peuvent être remises aux champs, où elles se portent
mieux que de rester toujours enfermées dans l'é-
table. Pendant leur absence, on profitera des momens de beau tems pour lâcher les agneaux dans
un pré ou seulement dans la cour ; l'air et l'exercice les fortifient beaucoup ; et je me rappelle
toujours avec plaisir ces deux vers de l'abbé
Delille :

Et ses chevraux, tout fiers de leur corne naissante,
Se font, en bondissant, une guerre innocente.

Les agneaux qui viennent les premiers sont les

plus forts , et se distinguent toujours dans le troupeau ; cependant on ne doit pas les mettre aux
champs avant le premier Mai ; la fatigue , le mauvais tems les feraient maigrir : quant aux mères ,
il faut continuer de les bien nourrir jusqu'à ce
qu'elles aillent au parc, autrement elles dépéri-
raient , et , ce qui est encore pis , elles perdraient
leur laine.

Porcs.

C'est ordinairement à la fin de Janvier que les
truies font leur première portée ; il est même
nécessaire que ce ne soit pas plus tard , afin
qu'elles en fassent une autre avant la moisson.
Les petits cochons de Janvier sont toujours beaucoup plus forts , parce qu'on les envoie au champ
de bonne heure, ce qui les fait allonger et les
fortifie beaucoup. Qu'on ait bien soin de la mère
quand elle aura mis bas , d'abord pour que les
petits soient plus forts , et qu'elle même ne dé-
périsse pas , ensuite pour qu'elle ne les mange
pas ; car il se trouve des truies si voraces qu'elles
mangent même leurs petits , lorsqu'elles sont
pressées de la faim. Si on choisit des cochons
pour élever, on gardera toujours les plus forts ,
et on vendra les plus petits : on est souvent tenté
de vendre les forts , parce qu'on en retire plus
d'argent ; mais on y perd infiniment plus qu'on n'y

gagne; les plus petits de la bande restant toujours les plus faibles, il faut les nourrir plus long-tems, et on perd bientôt le bénéfice qu'on a eu sur les gros.

Cochons pour le saloir.

Je conseillerais aussi de garder alors tous les cochons qu'on veut élever pour son usage, afin de n'être pas obligé d'en nourrir de gros pendant l'hiver. Et voici comme on peut faire: dès le mois d'Octobre, prendre, pour le saloir, des cochons venus en Janvier, et continuer ainsi, suivant ses besoins, jusqu'en Décembre; à cette époque, tuer tous ceux qui sont nécessaires pour la consommation jusqu'au premier Octobre de l'autre année, et vendre tout le reste, à l'exception des femelles qu'on réserve pour remplacer les vieilles, et qui ne doivent pas porter avant un an. De cette manière, on ne sera pas obligé de nourrir l'hiver une grande quantité de cochons, qui deviennent fort dispendieux.

Quelques cultivateurs ont l'habitude d'élever beaucoup de cochons, pour les vendre lorsqu'ils ont six mois; je n'approuve nullement cet usage: d'abord, le fumier de cochons est le moindre de tous, et ne peut être employé seul; Columelle nous assure même qu'il brûle les arbres et les plantes. En outre, et sans parler du dégât que font, dans une cour, une quantité de cochons affamés, quel profit peut-on en tirer, quand on pense qu'ils ne sont que médiocrement nourris avec un boisseau de son pour trois jours, ce qui fait, à huit sous le boisseau, quatre francs par mois, vingt-quatre livres pour six mois; c'est-à-dire, à peine le prix qu'on pèut les vendre au bout de ce tems-là. Il y a incontestablement plus de profit à avoir des truies qui rapportent, deux fois l'année, dix à douze cochons, qu'on vend, à six semaines, sans qu'ils aient rien coûté, presque moitié de ce qu'on les vendrait à six mois.

Manière d'engraisser les cochons.

Il faut, autant qu'on pourra, ne pas mettre les cochons en graisse qu'ils n'aient dix ou douze mois, parce que, avant cet âge, ils ne profitent pas à proportion de la nourriture qu'on leur donne, et ne pèsent jamais béaucoup, quelque long-tems qu'on les laisse enfermés. Il ne faut pas pourtant les engraisser trop vieux, et passé deux ans, excepté les truies, qu'on coupe avant de les mettre en graisse, lorsqu'elles ne rapportent plus, ou qu'elles deviennent trop méchantes. Un vieux cochon ne fait jamais le profit d'un jeune, dont la chair s'enfle et grossit en cuisant, tandis que celle du vieux se dessèche et se resserre : il ne faut pas non plus mettre en graisse un cochon trop maigre, parce qu'alors il faut plus de trois semaines pour le mettre seulement en chair. Et voilà pourquoi je conseille de ne pas garder tant de cochons, pour avoir plus de soins de ceux qu'on conserve.

Les premiers huit jours on donne, au cochon enfermé pour engraisser, du son mêlé dans de l'eau tiède, autant qu'il en desire, afin de le remplir et de satisfaire sa première avidité; on peut y joindre des pommes de terre coupées par morceaux ou renflées dans l'eau. Après ce tems on l'engraisse avec de l'orge moulue ou des pois gris qu'on fait cuire sur le feu ; l'orge moulue l'engraisse plus vîte, mais coûte plus cher, et fait une graisse plus molle; les pois lui donnent une substance plus ferme et plus savoureuse, mais causent plus d'embarras, puisqu'il faut, tous les deux jours, cuire sa nourriture, et dépenser, en outre, beaucoup de bois, ce qui n'est pas une petite considération. On se décidera donc pour l'une ou l'autre nourriture, suivant les circonstances. On engraisse, je le sais, les cochons seulement avec du son, mais cette nourriture n'est pas comparable à celle de l'orge ou des pois; il n'y a d'ailleurs que les meuniers qui puissent en avoir une quantité suffisante pour engraisser leurs porcs, toutefois aux dépens du public, comme c'est leur coutume. Mais, quelle que soit la nourriture qu'on donne au cochon, il faut la lui donner abondante, de manière qu'il n'ait jamais faim, et en plusieurs fois, de peur de le dégoûter; il est nécessaire aussi de lui faire boire des lavures de cuisine ou du lait caillé, afin que la boisson fasse gonfler sa nourriture et le remplisse davantage. Une autre attention indispensable, c'est de le tenir proprement, et de le nettoyer souvent; cela contribue beaucoup à sa bonne santé, et un cochon qui reste dans la fange engraisse beaucoup plus lentement.

On peut tuer un cochon au bout de six semaines, s'il était déjà en chair lorsqu'on l'a mis en graisse; il deviendrait plus gras en le laissant plus long-tems, mais cette graisse est inutile, et forme même une nourriture malsaine. Aussi-tôt que le cochon est coupé par morceaux, on le sale, en ayant soin de mettre en-dessus la tête et les os, qui, se conservant moins long-tems, doivent être mangés les premiers.

Maladies des cochons.

On s'apperçoit aisément qu'un cochon est malade; il penche l'oreille, il marche pesamment, il est dégoûté : cependant, comme quelquefois il est malade sans donner ces signes, si on s'appercevait qu'avec la même nourriture il diminuât peu-à-peu, on s'assurerait qu'il est malade si, en lui arrachant une poignée de soies sur le dos, on voyait, sur la racine, quelques marques sanglantes ou noirâtres. Ses maladies les plus ordinaires sont l'indigestion ou le dégoût, et la léthargie ; elles guérissent toutes deux en laissant l'animal un jour sans manger, puis ensuite, lui donnant, pendant deux jours, de l'eau tiède, dans laquelle on aura infusé, pendant douze heures, des racines de concombres sauvages ; le troisième jour, on lui donnera de la farine d'orge délayée dans l'eau, à laquelle on joint une infusion d'écorce de chêne.

Volailles.

Les oies commencent alors à s'accoupler, et se battent lorsqu'il y a plusieurs mâles ; n'en gardez donc qu'un, qui ait au moins deux ans. Les femelles commencent aussi à pondre ; et on remarquera l'endroit où elles déposent leurs œufs, pour les réserver pour le moment de la couvée.

MOIS DE MARS.

Dès que le doux zéphir amollit les campagnes,
Que j'entende le bœuf gémir sous l'aiguillon,
Qu'un soc, long-tems rouillé, brille dans le sillon.

　　　　　　　　　Georg. Del. l. I.

LES travaux des champs pressent, peu de terres sont labourées, et le cultivateur voit avec inquiétude approcher le moment des semences. Qu'il ne se décourage pas cependant, la nature elle-même ranime son activité et lui prête un secours puissant; l'astre du jour attèle son char deux heures plutôt qu'en hiver; sa chaleur ressuie la terre, la rend propre et facile à cultiver. Faites donc partir vos chevaux avant le lever du soleil; que la lanterne, allumée dès cinq heures, mette les valets en état de travailler à six, au plus tard. Avec cette activité, les trois premières semaines de Mars suffiront pour finir les labours et les travaux préparatoires.

Vesces.

On semera alors les vesces, que la prudence a engagé de ne pas semer toutes en Novembre; on suivra la méthode déjà indiquée en ce mois; seulement on mettra un peu moins de semence, parce qu'elle ne se perd plus par l'humidité ou les gelées; et c'est encore là un avantage de ne les semer qu'en Mars.

Il ne faut cependant pas désespérer entièrement des vesces, lorsqu'au commencement de Mars on les voit faibles et sans vigueur, que la racine paraît ne plus tenir à la terre, que la feuille est toute flétrie, et qu'on apperçoit même beaucoup de places vides : comme le grain se conserve très-long-tems en terre sans s'altérer, son sort ne se décide quelquefois qu'en Juin, où de grands orages forcent, pour ainsi dire, son entier développement. Le cultivateur se trouve alors agréablement surpris de voir une terre dont il n'espérait presque rien, se couvrir, en huit jours, d'une vesce abondante et touffue; mais on ne doit pas toujours attendre un évènement, fort rare heureusement, puisqu'il est presque toujours funeste aux autres grains. Un tel fléau ne peut entrer dans les calculs du cultivateur; aussi il ne donne pour tout délai, à ses vesces, que la première quinzaine de Mai; alors, si elles continuent à être languissantes et à rester clair-semées, il ne leur fait pas de grâce, et donne à la terre un bon labour pour y semer de l'orge. Il est encore une autre raison majeure qui doit décider à labourer les vesces mal venantes, c'est que celles qui ne

sont pas touffues, font place à une grande quantité d'herbes qui infestent la terre, et qu'on ne
peut souvent pas détruire.

Pois gris ou bizailles.

Je n'ai trouvé, dans aucun livre d'agriculture,
le mot *bizaille*, nom qu'on donne, dans nos environs, à une sorte de pois qu'on sème au printems. Ceux dont parlent Liger, Rozier et autres
agronomes, ne ressemblent en rien à la bizaille,
si estimée parmi nous. Comme donc ce grain me
paraît peu connu, je vais en donner la description, et rapporter son utilité.

La bizaille, plus grosse que les pois ordinaires,
et d'une couleur grise très-foncée, a une fleur qui
ressemble un peu à celle des pois, mais moins
bleue, il me semble ; elle vient beaucoup plus
haute que les vesces et autres grains, appelés par
quelques auteurs *hivernages* ; j'en ai vu s'élever
jusqu'à cinq pieds, mais sa hauteur ordinaire
est de deux ou trois : elle se sème en Mars et
Avril, lève très-facilement, se récolte à la fin de
Juillet, et devient si abondante, qu'il n'est pas surprenant qu'un arpent en donne quatre cens bottes.
Quant à son usage, c'est un excellent manger
pour les chevaux, souvent préférable aux vesces,
parce qu'elle est rafraîchissante, et le grain en
est très-utile pour engraisser les cochons : en

outre, cette plante n'engendre pas d'herbes, et rafraîchit le sol au lieu de l'épuiser, et on peut, comme je l'ai dit dans l'introduction, en mettre quelquefois dans les jachères. Tous ces avantages suffisent pour déterminer ceux qui ne connaissent pas ce grain à s'en procurer ; il ne pourra manquer de réussir, parce qu'il se plaît dans toutes sortes de sols, dans les terreins légers comme dans les terres fortes, dans le sable comme dans l'argile.

Bizailles à une raie.

Le 21 Mars, on pourra commencer à labourer les terres destinées à recevoir de la bizaille à une seule raie ; il faudrait cependant différer, si le tems n'était pas beau, parce qu'il faut un tems sec et du soleil pour sécher promptement une terre qui n'a qu'un labour, et faire périr en même tems l'herbe ; mais aussi, si le tems est beau, ne perdez pas l'occasion ; ne vous embarrassez pas de vos autres occupations : rien n'est plus intéressant que de profiter des beaux jours pour semer des bizailles sur un seul labour. Or, il y a deux manières de semer à une raie ; la première, de labourer la terre, la semer et la herser ; la seconde, de semer sur le chaume, ensuite labourer et herser deux fois : j'ai vu ces deux manières réussir parfaitement, les ayant essayées dans la même terre, semée au même moment. Néanmoins, quand la terre n'est pas parfaitement sèche, et qu'il y a beaucoup d'herbes, il vaut mieux la labourer avant, ensuite la herser plusieurs fois, et la laisser passer deux midis pour la ressuyer et détruire l'herbe, ensuite la semer et la herser. Au contraire, quand la terre est très-sèche, ou que c'est une terre à cailloux, qui par conséquent se sèche aisément, il faut semer sur le chaume, afin que la bizaille se trouve plus enterrée, et on conçoit qu'elle est bien plus couverte par le labour que par le hersage. Quelque meuble que soit la terre, il ne faut pas toutefois labourer trop avant, parce que la bizaille ne se plaît pas dans une terre trop profondément labourée. Dans les deux manières, il faut ploutrer la terre aussi-tôt qu'elle est hersée, si le tems est beau; et au bout de deux ou trois jours, si elle est trop humide : on peut se servir, pour cette opération, du rouleau à cylindre, pourvu que la terre soit dure et les mottes un peu grosses. La bizaille doit être semée un peu drue, et à une quantité plus considérable que le blé; on en met encore davantage quand le grain est gros.

Blé de Mars.

Le blé de Mars, d'après les expériences faites, est constamment une espèce de blé toute différente de celui d'hiver; ce dernier, semé en Mars, viendra difficilement en maturité, et en si petite quantité, qu'on retrouvera à peine la semence; et il en est de même de celui de Mars semé en hiver. Le seul reproche que mérite ce blé, c'est d'être sujet à la carie; mais cet accident vient presque toujours de ce qu'on le sème trop tard, ou de ce qu'on ne l'enchaule pas comme il faut. Si, par malheur, on en récolte de carié, qu'on ne s'avise pas de le semer sans précaution; car il est reconnu que la carie est une peste qui se propage et qui gâte toute la semence. Le remède à la carie, est de laver le blé deux ou trois fois dans beaucoup d'eau, en le changeant chaque fois d'eau; de le laisser ensuite vingt-quatre heures tremper dans une forte eau de lessive, et puis de l'enchauler comme le blé d'hiver : avec ces précautions, on ne peut hésiter à semer du blé de Mars. En 1802, on a senti le prix de ce blé, que nos contrées ont envoyé en grande quantité en Bourgogne, où les grandes inondations avaient détruit les semences d'hiver : ce blé était si recherché, qu'il a valu au marché jusques à 80 liv. tandis que l'autre ne valait que 50 liv. N'arrive-t-il pas souvent qu'un hiver rigoureux ou pluvieux fait périr le blé, qu'il est mangé par les vers ou par d'autres insectes ? Si ce mal n'est pas heureusement général, au moins il n'y a guère d'années où le blé ne manque dans quelque endroit : on y remédie, en semant de l'orge à la place du blé manqué, et du blé de Mars dans l'endroit où on aurait semé de l'orge. Cette récolte est infiniment au-dessus de celle de l'avoine, dont le grain ne vaut, en général, que la moitié du blé, et vient beaucoup moins abondant : on croirait peut-être pouvoir jouir du même avantage, en semant du blé dans les mars ; point du tout : le blé vient toujours très-mal après du blé, quelque amendement et quelque culture qu'on lui donne ; ce qui prouve évidemment, ou que le blé de Mars est bien constamment un autre blé que celui d'hiver, ou que le repos est nécessaire à la terre, puisque le blé de Mars, qu'on sème six mois après la récolte, vient toujours mieux que le blé qu'on confie à la terre peu après l'avoir moissonné.

Tems de semer le blé de Mars.

Immédiatement après les premières bizailles, c'est-à-dire, vers le 25 Mars, on semera le blé de Mars, dans une terre déjà labourée : cette sorte de blé se plaît beaucoup dans les défrichemens de luzerne ou de trèfle ; on l'y semera donc de préférence. Que la semence soit bien choisie, et qu'avant de semer on passe le blé dans le crible, afin qu'il soit bien net et dégagé d'herbe : la quantité de semence est un peu plus forte que pour l'autre espèce de blé, parce qu'il ne produit pas, comme lui, plusieurs plantes sur une même tige. Avant que de semer, on hersera la terre, afin d'en abattre les mottes et de la rendre plus meuble et plus douce à marcher; ce qui fait que les chevaux font infiniment plus d'ouvrage. On sème ce blé après l'avoir enchaulé, puis on le binote et on le herse, et, s'il n'y a pas d'herbe, on le ploutre tout de suite pour renfermer l'humidité.

Avoines.

Après les bizailles à une raie et le blé de Mars, semez tout de suite les avoines dans les défrichemens de luzerne, sainfoin ou trèfle, ces terres demandant à être semées de bonne heure. Trois ou quatre jours avant, elles doivent être hersées par beau tems, mais avec une herse de fer, pour bien arracher l'herbe et rendre la terre mouvante ; quand l'herbe est bien morte, il faut semer l'avoine, encore par beau tems, à la quantité de 70 livres par arpent ; on en met plus que dans les autres terres, parce qu'elles ont plus de force, et que d'ailleurs il faut beaucoup de grain pour étouffer l'herbe qu'elles produisent : on choisira, pour semer, la meilleur avoine ; on aura soin qu'elle ne soit ni éteinte ni germée, ni verte ni pas assez mûre, et on la fera passer au moulin, de manière que tous les petits grains s'en aillent, et qu'il ne reste pas du tout de paille, mais seulement l'avoine la plus grosse : la terre semée, on lui donne un léger binot, puis on la herse deux fois. Les défrichemens, lorsqu'ils sont semés à tems et avec soin, produisent des récoltes qui surpassent de plus d'un tiers celles des autres terres. Et voilà l'inestimable avantage de semer beaucoup de luzerne et de sainfoin.

Herser les luzernes.

Une opération non moins intéressante dans les beaux jours de Mars, c'est de herser les vieilles luzernes avec la herse de fer, pour y détruire l'herbe ; il faut, pour bien faire, qu'il fasse beau, afin que l'herbe ne se rattache pas à la terre ; mais il faut aussi que la terre soit encore tant soit peu humide, afin que les dents de la herse puissent pénétrer profondément et arracher l'herbe : on ne doit pas craindre d'arracher la luzerne, qui a des racines si profondes, et qui est si tenace, qu'elle repousse même après avoir été labourée. J'ai vu la luzerne couvrir, presque au quart, un champ défriché et semé en avoine ; je l'ai vu même résister à un léger binot, et pousser également bien. Si la herse de fer ne pénètre pas assez pour arracher l'herbe, qu'on la charge jusqu'à ce qu'elle entre, ou qu'on fasse monter dessus un homme ou deux enfans; il faut alors quatre chevaux, qu'on aura soin d'arrêter de tems en tems, pour dégager les dents de la herse, et qu'on ne menera pas trop vîte, parce qu'alors la herse ne fait que glisser. Après avoir hersé en long, on hersera ensuite de travers pour attaquer l'herbe de tous les côtés; quand on arracherait quelques pieds de luzerne, cela ne fera jamais le même tort que l'herbe, qui, peu à peu, détruit la luzerne.

Quand les vieilles luzernes sont trop infestées d'herbes, je conseille de les herser une seconde fois, trois ou quatre jours après, et ensuite de faire enlever, avec des râteaux de fer, l'herbe que la herse a détachée. Cette opération, que j'estime devoir coûter six livres par arpent, purgera entièrement la luzerne de mauvaises herbes, qui autrement se rattachent à la première pluie, ou au moins, en étouffant la luzerne, retardent son accroissement. J'ai employé, avec succès, cette méthode, dans un champ où la luzerne, qui ne paraissait pas auparavant, a commencé tout de suite à se montrer, et a fait ensuite des progrès rapides.

Le seul inconvénient de herser les luzernes, c'est qu'elles sont plus sensibles aux gelées, qui endommagent alors la racine que la herse a laissée à découvert; et c'est pourquoi les luzernes ne doivent pas être hersées de trop bonne heure, et au plutôt à la fin de Mars. Au reste, voilà le seul moyen d'entretenir long-tems les luzernes, et de les empêcher de s'enherber; aussi ne faut-il pas attendre pour cela qu'elles soient bien vieilles; dès qu'elles s'enherbent un peu, il faut y amener la herse, qui, outre l'avantage d'arracher l'herbe, donne une nouvelle assurance à la luzerne, en ouvrant la terre, et procurant à ses racines la liberté de s'étendre et de prendre du pied.

Ploutrer le blé.

Lorsqu'il se trouve beaucoup de mottes dans les terres à blé, il ne faut pas laisser passer le mois de Mars sans les ploutrer; ce qu'il faut faire par un beau tems, et lorsque la terre est un peu sèche, afin de ne pas arracher le blé : si elle était trop sèche, on mettrait un traînoir sur la herse, afin qu'elle pût briser les mottes. Ce ploutrage rechausse le blé et contribue beaucoup à le fortifier.

Ramasser les cailloux.

C'est le tems aussi de faire ramasser les cailloux dans les luzernes, trèfles et sainfoins. Lorsque le faucheur sent sa faulx rencontrer quelques cailloux, alors il coupe plus haut, de peur de l'entamer, ou même de la casser. Il est donc de l'intérêt du propriétaire de faire bien ramasser les cailloux, afin qu'il puisse obliger ses faucheurs à faucher bas. On peut les faire ramasser à la toise, mais ils sont bien mieux ramassés à la journée : on prend alors beaucoup d'enfans, qu'on inspecte soi-même, ou qu'on remet à un homme de confiance ; de cette manière, l'ouvrage se trouve fait exactement et très - promptement, les enfans travaillant à l'envi les uns des autres, lorsqu'ils sont surveillés : il n'en coûte pas même beaucoup, puisqu'il suffit de donner à chaque enfant six sous par jour et la nourriture. Ces cailloux doivent être mis autour de la pièce, pour être enlevés quand on en aura le loisir, et être placés dans la cour ou dans les chemins.

Détruire les taupinières.

On se procurera, pour 60 centimes, l'Art du Taupier (1), petite brochure où l'on indique le moyen de prendre les taupes en vie. Il serait trop long de rapporter cette méthode, aussi sûre qu'intéressante ; cet art, qui est connu aussi de quelques jardiniers, consiste principalement, 1°. à observer la taupe aux heures qu'elle travaille,

______

(1) Cette brochure se trouve chez Marchant, rue des Grands-Augustins, n°. 12.

savoir, au soleil levant, à midi et au soir; 2°. à faire, dans les chemins souterreins qu'elle pratique, d'une taupinière à l'autre, des incisions qui, lui coupant le chemin, la réduisent entre deux points des souterreins; 3°. à mettre, à ces différentes ouvertures, un brin de paille, au bout duquel on fixe un petit morceau de papier, afin que cette paille, renversée au moindre mouvement de la taupe, avertisse de sa présence. L'essentiel, c'est de ne pas faire de bruit, parce que la taupe voit peu, mais en revanche a l'ouïe très-fine : une fois que, par les moyens indiqués, on a découvert où elle est, on la prend aisément dans ses souterreins, qui ne sont pas creusés de plus de deux ou trois pouces; elle s'enfonce quelquefois davantage dans sa taupinière, mais cela n'excède pas encore un pied et demi, et on l'y fait sortir en y versant de l'eau.

Le tems de détruire les taupes est immédiatement après les grands froids, c'est-à-dire, dans le courant du mois de Mars, qui est le tems où elles commencent à travailler avec plus d'ardeur. Lorsque les taupinières sont sèches, c'est qu'elles sont abandonnées; alors, il suffit de les renverser avec la houe. Lorsqu'on en remarque, dans les blés, de toutes fraîches, il faut d'abord, pour ne pas gâter le blé, les renverser, et voir si l'animal découragé n'ira pas porter ses travaux hors de vos possessions ; s'il recommence à soulever la terre, il faut alors, de toute nécessité, faire la guerre à l'animal, autrement il ravagerait toute la pièce, et ferait un dommage plus considérable que les coupures qu'on pourrait y faire (1).

Faire du bois dans les arbres.

Avant que le bouton se développe, il faut faire tirer le bois mort des arbres fruitiers, tels que pommiers et poiriers. Qu'on ne craigne pas d'en couper trop, et de retrancher même les branches entières qui pendent trop bas ou incommodent l'arbre : une trop grande quantité de bois l'épuise et tire inutilement tout son suc. Si, pendant deux ou trois années, son produit est moins considérable, on est aisément dédommagé, parce qu'il vit plus long-tems et rapporte ensuite plus souvent et avec plus d'abondance ; mais cette opération doit être faite par un habile ouvrier, qui décharge les arbres sans les détruire, et les conserve sans trop les ménager. Un seul motif peut déterminer à différer ce travail, c'est lorsque les arbres sont tellement chargés de boutons à fruits, que les tailler serait s'ôter l'espoir d'une abondante récolte.

---

(1) Il vient de paraître une brochure de M. Cadet de Vaux, sur les mœurs de la taupe et la manière de la détruire.

Rozier va plus loin, dans son Cours d'Agri-culture, art. *Pommier :* il desirerait qu'on taillât tous les ans, les pommiers des champs comme ceux des jardins, en supprimant les boutons qu'il appelle *bourse,* qui ne doivent produire que les années suivantes, et en laissant seulement ceux qui doivent rapporter du fruit dès l'année même. Il assure que cette expérience lui a réussi. Pour moi, quoique je n'aie pas encore osé l'éprouver, tout me porte à croire qu'il peut avoir raison, hors la dépense que cela entraînerait; ne pensant pas, comme lui, qu'elle serait toujours payée par la récolte, parce que les arbres des champs sont bien plus exposés aux intempéries de l'air, que ceux des jardins.

On doit, à la même époque, émonder les ormes et les peupliers, ce qu'on peut renouveller tous les cinq ans : des arbres ainsi entretenus se portent toujours mieux que ceux qu'on néglige, et qu'on laisse pousser trop de bois. On n'oubliera pas non plus les haies d'épine ou d'autres bois, qu'on doit ravaller tous les trois ans; lorsqu'on diffère trop long-tems à le faire, elles se dégarnissent dans le pied, et deviennent si claires, qu'elles forment une mauvaise clôture. Quand on baisse les haies, il faut laisser, de distance en distance, quelques branches pliantes, qu'on courbe pour s'entrelacer dans les autres et former une espèce de claie, ce qui rend les haies plus solides et plus impénétrables.

Bois de charronnage.

Il ne faut pas différer davantage à faire abattre et façonner les arbres destinés au charronnage; lorsqu'ils sont abattus trop tard, et que la sève est déjà montée, ils deviennent trop tendres; et si on attend les chaleurs pour les travailler, ils sont trop secs et se travaillent mal. Un cultivateur prudent a toujours une quantité suffisante de ces arbres, préparés long-tems d'avance, pour s'en servir dans le besoin; ils font alors infiniment plus de service.

Cidre.

Si l'on veut avoir du cidre agréable et pétillant, il ne faut pas passer le mois de Mars sans le mettre en bouteille; il faut en même tems remplir ses tonneaux, le cidre frayant beaucoup dans les premiers mois; ceux qui sont vides doivent être nettoyés et serrés dans un endroit sec, où ils ne pourrissent pas, et où ils ne soient pas non plus exposés à la chaleur. Les tonneaux prennent toujours un mauvais goût, quand on y laisse séjourner la lie, qu'il faut en retirer le plutôt possible: on peut la déposer ensuite dans un tonneau destiné à les recevoir toutes, et où, en s'épurant

peu à peu, au bout de quelques mois, elles procurent encore de bon cidre, qu'on tire tant qu'il
vient clair, et dont on jette alors le résidu.

Bestiaux.

Il faut commencer au premier Mars à modérer
un peu sa rigidité pour les bestiaux, qui depuis
le premier Novembre sont à la paille, et leur
distribuer alors un peu de foin, sur-tout aux vaches, car elles en ont encore plus besoin que les
moutons. Ceux-ci, à moins qu'il ne pleuve ou
qu'il ne gèle, trouvent toujours de quoi pâturer
dans les champs, dont l'herbe la plus courte leur
suffit; au lieu que les vaches ne vont plus aux
prés, qu'on leur interdit pour laisser pousser
l'herbe. Il faut donc les en dédommager, en leur
donnant au moins une demi-botte par jour. Si
vos greniers vous le permettent, donnez-en aussi
à vos moutons, à la quantité d'une botte par
jour pour dix bêtes.

Volailles.

Le mois de Mars ne se passe pas ordinairement
sans que les oies demandent à couver. Comme
elles veulent toujours couver où elles ont pondu,
qu'on les accoutume, autant que faire se peut, à
aller pondre dans des endroits à l'écart, où elles ne
soient pas troublées par d'autres animaux; on aura

soin, pour cet effet, de garder les vieilles femelles qui pondent, tous les ans, à un endroit accoutumé, et par conséquent y couvent aussi; elles ont, en outre, beaucoup plus soin de leurs œufs que les jeunes, qui les cassent souvent. Qu'on ne mette jamais deux oies à couver ensemble, c'est une querelle et un combat continuels; ces animaux quittent leurs œufs pour se becqueter, changent d'œufs ensemble; et on a quelquefois vu donner douze œufs à chaque femelle, et trouver, deux jours après, vingt œufs sous l'une et quatre sous l'autre. Pour évitet cet accident, il faut les mettre séparément, mais toujours dans des endroits bien fermés, et où les animaux destructeurs ne peuvent pénétrer.

Les autres volailles pondent en Mars, mais ne demandent guère à couver, excepté les poules, encore cela arrive rarement dans les grandes cours, où elles n'ont pas une nourriture très-abondante, et sont plus exposées aux injures de l'air. Si on veut donc avoir des poulets de bonne heure, on ne trouvera guère de couveuses que chez de pauvres gens, qui, n'ayant qu'une poule ou deux, les nourrissent bien, et les laissent au coin de leur feu. Cela est facile à trouver, en rendant, au propriétaire, deux poulets avec la mère, si la couvée réussit.

MOIS D'AVRIL.

Nata recens ac mollis adhuc et roboris expers
Audet humo vix stare seges.
Præd. rustic. , lib. 8.

Enfin, la nature a quitté son deuil et reprend peu à peu ses ornemens; les arbres se couvrent de feuilles, et le seigle en épi annonce déjà la moisson; les zéphirs ont rendu à la terre sa fertilité; et à peine Avril a-t-il ensemencé nos campagnes, qu'elles se parent d'une verdure nouvelle. Bientôt il rivalise avec Octobre même, et ses enfans, quoique nés six mois plus tard, devancent souvent leurs aînés, ou du moins les suivent de près. Les jouissances du cultivateur vont donc se succéder sans interruption; et si ses travaux se multiplient, il voit aussi, chaque jour, accroître ses richesses. Qu'il se hâte de courir aux champs, assigner à chaque espèce de grain la place qu'il doit occuper.

Distribution des grains.

Il est important de ne confier à la terre qu'une semence qui lui convienne; l'avoine et l'orge peuvent être mises tous les trois ans dans le même endroit, mais ils épuisent plus ou moins la terre; par conséquent il est bon de lui donner quelquefois des plantes qui lui coûtent moins de substances. Pour la vesce et les pois, ils veulent absolument changer de place, et ne revenir dans le même lieu qu'au plutôt tous les six ans; et voilà pourquoi j'ai conseillé, dans mon introduction, de tenir un registre exact des différentes productions de chaque année.

Avoïne.

L'avoine est le premier grain qu'on doit semer; Olivier conseille de ne pas la semer tard, si on ne veut pas qu'elle soit blanche et légère (1). Ce que je puis assurer, c'est que j'ai toujours réussi à la semer de bonne heure, et que j'ai toujours surpassé mes voisins par la quantité et la qualité du grain. Maintenant, voici la manière de la cultiver : lorsque toutes les terres qu'on y destine sont labourées, hersées et bien ressuyées, il faut commencer par celles qui sont plantées d'arbres, parce que l'avoine étant plus long-tems à y mûrir, il faut qu'elle soit semée avant celle qui se trouve en plein soleil; ces terres sont excellentes pour

---

(1) Il ajoute, et en nouvelle lune; mais comme, pour me servir de son expression, *je ne suis pas lunier*, je laisse à d'autres à décider si la lune influe sur les semences.

l'avoine, qui se plaît toujours à l'ombre, et y réussit mieux qu'ailleurs, sur-tout dans les années sèches ; mais aussi elle y est presque toujours moins grenue. Qu'on ne sème donc pas toute l'avoine sous des arbres, si on veut avoir beaucoup de grains. Après cette espèce de terre, on semera les terreins caillouteux, à moins qu'ils ne soient imbibés d'eau ; car alors il faut attendre qu'ils soient entièrement secs : on les sème plutôt, quand ils sont en bon état, parce qu'il est nécessaire que l'avoine y soit forte avant les grandes chaleurs, de peur de sécher et de dépérir. On semera ensuite les autres terres, en commençant par celles qui sont labourées les premières, afin de ne pas les laisser trop sécher : huit jours après le premier labour, nul inconvénient de semer la terre, parce que l'avoine n'est pas comme le blé, qui veut une terre dure et rassise ; elle exige, au contraire, une terre légère et extrêmement meuble. Que le cultivateur ne s'alarme donc pas si le mauvais tems l'a empêché de labourer ses mars avant l'hiver : des terres labourées à la fin de Février ou au commencement de Mars, rapportent souvent aussi bien que celles labourées deux mois avant.

Le binot (1) est la meilleure méthode pour

____

(1) On a vu, en Octobre, la définition du binot et sa différence avec la semence à la herse.

recouvrir l'avoine : ce binot sera plus ou moins profond, suivant la qualité de la terre et l'état où elle se trouve. Ordinairement l'avoine ne veut pas être enterrée bien avant ; cependant il faut que le labour soit un peu plus profond, si la terre abonde en herbe : la même précaution devient encore indispensable, quand le tems est disposé à la sécheresse, afin que l'avoine garde plus long-tems son humidité. Pour remédier à l'abondance de l'herbe, il faut binoter la terre par un beau tems, et, quelques jours avant, la herser et la ploutrer à plusieurs reprises ; il faut cependant prendre garde de détruire entièrement toutes les mottes, 1º. parce que la terre serait alors plus sujette à se battre, et que l'avoine se trouverait trop serrée ; 2º. parce qu'il faut laisser un peu de mottes pour ploutrer les avoines lorsqu'il en sera tems.

Semence de bizailles.

Après les avoines, il faut s'occuper de semer les bizailles. Ce grain demande une terre encore mieux préparée que l'avoine, sur-tout point d'herbes ; car l'avoine domine beaucoup plus aisément l'herbe que la bizaille, qui en est quelquefois étouffée. Il ne faut donc pas la semer dans les défrichemens ; il faut, au contraire, choisir les terres qui ont le moins d'herbe, et détruire celle qui peut encore y rester. Quelques personnes donnent à la bizaille un labour entier; mon avis est qu'on ne fasse simplement que la binoter, quand la terre est en bon état; après quoi on hersera trois ou quatre fois, s'il le faut, puis on ploutrera pour maintenir l'humidité. L'expérience ayant prouvé que les bizailles semées à la herse réussissent souvent le mieux , cela doit suffire pour engager à les binoter légèrement.

Lentilles.

On sème quelquefois aussi des lentilles en Avril , mais elles ne réussissent pas si bien qu'avant l'hiver, sur-tout lorsqu'on les mêle avec un peu de seigle , qui les défend de la gelée et leur conserve l'humidité nécessaire.

Ne pas mêler les grains.

C'est une détestable méthode que d'allier deux grains dont l'un est mûr plutôt que l'autre, ce qui fait que l'on ne peut presque jamais réussir à avoir de bonnes nourritures. Semez, par exemple, de la bizaille avec de la vesce, la bizaille sera mûre que la vesce sera encore toute verte : si vous différez à couper, la bizaille se gâtera , et si vous coupez, vous risquez de perdre tout le grain, parce que la vesce, étant très-verte, exigera beaucoup de tems pour mûrir. S'il survient alors de la pluie, l'humidité reste dans la vesce, qui, par elle-même, est très-spongieuse, gâte la bizaille, et pourrit entièrement un grain qui aurait pu être récolté bon, s'il avait été d'une seule espèce.

Mélange.

Il faut excepter cependant un fourrage excellent, composé de plusieurs sortes de grains, nommé dans notre pays *mélange*, dans d'autres *dragée*; on le compose de moitié vesce d'été (1), un quart de bizaille, un huitième d'avoine et autant d'orge; ce fourrage, il est vrai, demande un peu plus de tems pour sa maturité; aussi je conseille de ne pas attendre le dernier degré de perfection, et de le réserver pour nourrir les chevaux pendant les semences, ce qui l'empêchera de se gâter, et fournira en même tems une nourriture succulente; au surplus le meilleur usage qu'on puisse faire de ce fourrage, c'est de le couper en vert pour les vaches, et alors on le sème, à plu-

---

(1) C'est une espèce particulière, qu'on ne sème qu'en été, qui vient souvent fort abondante, mais aussi mûrit fort tard, et dans une saison peu favorable. Elle est nuisible aux chevaux, dont elle fait tomber le poil, et ne peut servir qu'aux vaches et aux moutons.

sieurs reprises, depuis la fin de Mars jusqu'à la mi-Mai, afin que les coupes puissent se succéder.

Semence d'orge.

L'orge est le grain qui rapporte le plus de profit, parce qu'il demande moitié moins de semence que le blé; il ne réussit même pas lorsqu'on le sème en une quantité plus considérable, parce que les plantes s'étouffent les unes les autres et ne peuvent s'étendre; tandis que lorsqu'il est clair, il talle d'une manière surprenante. J'ai semé, dans un demi-arpent, quatorze livres d'orge, c'est-à-dire, environ un boisseau de Paris, et néanmoins j'ai récolté 75 bottes d'orge, qui m'ont produit 40 boisseaux, ce qui fait 40 pour un. Existe-t-il un grain plus productif? L'orge, dira-t-on, suce et maigrit la terre, parce qu'elle va chercher sa nourriture plus avant que les autres céréales : cela est vrai; mais que s'ensuit-il, sinon qu'elle exige plusieurs précautions indispensables? Il faut choisir un endroit convenable à ce grain; le cultiver avec soin; enfin, remédier à l'épuisement du sol.

1°. Choisir un endroit convenable.

On la placera donc, ou dans des terres qui aient un peu de fond, ou dans des terres légères, mais chaudes; un terrein trop fort ne lui convient pas,

mais aussi un sol où la terre a peu de profondeur
ne lui est pas propre, parce qu'elle en épuiserait
bientôt toute la substance nutritive. D'après cela,
on ne doit pas la semer dans des terres froides
et plates, qui, avec peu de fond, sont souvent
humides : elle réussit infiniment mieux dans les
vallées, dans les endroits bas, où la terre a assez
de profondeur pour nourrir cette plante ; mais les
terreins qui lui sont le plus favorables sont les
terres légères et chaudes tout à la fois, et par
conséquent celles qui sont un peu sablonneuses.
Elle ne vient pas toujours très-abondante, et en
cela elle a le même sort que tous les grains, qui
profitent peu dans un sol dénué d'humus ; mais
au moins elle ne l'épuise pas, à cause de la grande
chaleur qu'il renferme ordinairement.

2°. La cultiver avec soin.

L'orge, plongeant ses racines de cinq à six
pouces au moins dans la terre, exige beaucoup
de culture et de profonds labours ; il faut donc
lui donner d'abord un bon labour avant l'hiver,
dans les terres franches, et au commencement de
Février, dans les terres argileuses ou caillouteuses, et ensuite lui en donner un second au commencement d'Avril. C'est à la fin de ce mois,
au plus tard, que ce grain doit être semé, et

on paie chèrement le retard qu'on met à le confier à la terre, suivant ce vieux proverbe :

A la Saint-George,
Laisse ton avoine, sème ton orge (1).

Avant de semer, il faut bien herser la terre ;
et si elle se trouve durcie par les pluies ou les
gelées, la herser avec la herse de fer : si, après
cette opération, elle est encore couverte de
mottes, on la ploutrera et on la hersera ensuite
pour la rendre bien meuble. On peut alors semer
le grain, par beau tems, à la quantité de 40 ou
50 livres par arpent; puis binoter la terre, qu'on
hersera bien et qu'on ploutrera, si elle est assez sèche pour cela. S'apperçoit-on que la terre ne se
réduit pas bien en mottes au premier ploutrage,
qu'on la herse légèrement, et qu'on la ploutre
ensuite, en chargeant suffisamment la herse. Un
auteur célèbre conseille, lorsqu'il se trouve trop
de mottes dans un champ au moment de la semence, de faire casser les mottes par des femmes
armées de maillets ; mais quelle dépense cela
n'entraîne-t-il pas? Il est bien plus sage de prévenir cet accident, en hersant à propos la terre,
et en n'y laissant pas de trop grosses mottes lors-

---

(1) Liébeau, page 240.

qu'on craint la sécheresse. La herse, promenée à propos dans un champ, évite beaucoup de peines et de tems à l'agronome ; il est de son intérêt d'examiner souvent ses terres, et de ne pas imiter ceux qui croient avoir tout fait lorsqu'ils ont envoyé la charrue retourner la terre, sans s'embarrasser des soins qu'elle exige après le labour.

3°. Remédier à l'épuisement du sol.

La meilleure manière, selon moi, est de semer avec l'orge du trèfle, qui rafraîchit la terre et lui rend l'humus que l'orge lui avait enlevé, ou au moins avait considérablement altéré. Le trèfle ne se sème qu'après qu'on a hersé et ploutré l'orge ; on conçoit que la terre ainsi préparée est favorable au trèfle, qu'on herse ensuite et qu'on ploutre ; presque jamais il ne manque dans l'orge, qui lui sert de protecteur contre la grande chaleur. Rien donc de plus avantageux que de joindre ces deux plantes ensemble, puisque si l'une protège et favorise la végétation de l'autre ; l'autre, à son tour, répare le desséchement du sol par le terreau qu'elle forme sur la terre. Un autre moyen, mais moins efficace, pour réparer la terre, c'est de labourer aussit-tôt la récolte, parce que, comme l'orge s'écosse aisément, il tombe toujours, en la récoltant, quelques grains qui germent sur la terre, et augmentent encore son épuisement. Ce labour doit être suivi d'un bon amendement, qu'on aura soin de renfouir avant l'hiver, afin que les pluies consomment le fumier, et que ses sels pénètrent la terre.

Tels sont les moyens que j'indique pour cultiver l'orge sans épuiser la terre. Les soins et les engrais qu'elle exige indiquent assez qu'elle ne peut être beaucoup multipliée, et je pense qu'à moins qu'on ne possède des terres où elle vient en abondance sans danger, on doit en semer beaucoup moins que d'avoine, et seulement dans la proportion du quart.

Ploutrer les vesces.

Après une petite pluie, il ne faut pas oublier, dans le courant du mois, de ploutrer les vesces, afin de les rechausser et d'y conserver l'humidité; on aura soin cependant de ne pas ploutrer quand la terre est trop molle, de peur d'arracher la plante.

Cendres.

On profitera aussi des pluies d'Avril pour semer des cendres de tourbe sur les trèfles, luzernes, sainfoins et vesces ; on ne les mettra qu'après la pluie, afin qu'elles pénètrent dans la terre et ne la brûlent pas; il faut choisir aussi un tems calme, afin que le vent n'emporte pas les cendres hors des terres, ou ne les sème pas inégalement. On observera, en même tems, de ne pas les semer lorsqu'il pleut, parce qu'au lieu d'entrer dans la terre, elles ne font que de la boue en s'imbibant dans l'eau; le mieux serait peut-être de les semer quand le tems est calme, et que néanmoins on a des indices certains de la pluie, qui vient ensuite à propos pour les faire entrer dans la terre.

Pour les bizailles, elles ne doivent être cendrées que lorsqu'elles sont un peu grandes, par conséquent, tout au plutôt à la fin d'Avril, pour les premières semées. Les vesces et les bizailles doivent avoir des cendres bien moins fortes que les luzernes, sainfoins et trèfles, qui, ayant plus d'humidité, craignent moins la chaleur des cendres.

Plâtre.

On ne peut se procurer par-tout des cendres de tourbe, qui ne vient que dans certains endroits; mais il est rare qu'on ne puisse employer sans grands frais le plâtre : cet engrais est sur-tout excellent pour les terres froides, les luzernes et sainfoins qui dépérissent; mais il faut le semer par tems sec, et en petite quantité. Je ne m'étendrai pas ici sur ses propriétés, et sur l'avantage que l'agriculture peut en tirer; des ex-

périences réitérées (1) prouvent assez son utilité;
et tout ce qui me surprend, c'est que son usage
soit encore si peu répandu.

Bestiaux.

On continue de nourrir et entretenir les bestiaux de la même manière qu'en Mars, à l'exception des moutons, qu'il faut nourrir plus fort
dans la dernière quinzaine d'Avril, afin qu'ils
poussent plus de suin, et que leurs toisons soient
par conséquent plus lourdes.

Volailles.

Les dindes sont, après les oies, celles qui demandent le plutôt à couver; qu'on leur donne
des œufs de poule, si elles demandent, dans les
premiers jours d'Avril, parce qu'il serait trop tôt
pour leur faire couver des dindons, qui pourraient souffrir des petites gelées de Mai. On peut
mettre jusqu'à 24 œufs de poule sous une dinde,
mais il vaut mieux n'en mettre que 18 ou 20, pour
qu'ils réussissent mieux. Ces animaux sont très-
bons pour couver, et ne se dérangent pas de leur
nid, au point qu'on est quelquefois obligé de les

____

(1) Voyez, *Feuille du Cultivateur*, n°. 17, tom. 4,
et n°. 3, tome 8, les expériences satisfaisantes sur
le plâtre.

en chasser pour les faire boire et manger. Souvent les dindes font deux couvées de suite, mais cela les maigrit et les fatigue beaucoup. On peut donner aussi aux dindes des œufs de canard, dans la même quantité que ceux de poule : car il arrive souvent que les canes couvent mal, et presque toujours elles se dérangent pour aller à l'eau ; ce qui fait manquer la couvée. Les œufs de canard sont aussi très-bien sous une poule ; quand ils sont éclos, on les donne à conduire à une cane qui a des petits du même âge, ou bien on les laisse à la poule, qui en a le plus grand soin et les aime comme les siens. L'on voit avec plaisir sa tendresse et son inquiétude lorsqu'ils vont à l'eau : elle les suit sur le bord, elle les appelle à grands cris, elle entre quelquefois même un peu dans l'eau pour les faire revenir ; enfin, lorsqu'ils en sont sortis, elle les rassemble sous elle et sèche leurs plumes.

Couvées des dindons.

Vers la fin d'Avril, on peut faire couver des œufs de dindon ; on peut en mettre jusqu'à douze sous la même dinde. Il faut en faire couver plusieurs à la fois, parce que les dindons demandant des soins particuliers et une nourriture séparée, on en élève aussi aisément 50 que 20 : on choisira les meilleures couveuses ; et quand les petits

seront éclos, si les œufs ne réussissent pas tous,
on réunira plusieurs familles sous une même
mère, en choisissant la plus douce, et celle dont
on connaît déjà les talens pour l'éducation; on
pratiquera la même chose pour les canards. Mais,
ce que je ne saurais trop répéter, qu'on n'oublie
pas de boucher exactement les habitations des
couveuses, pour les dérober à la dent meurtrière
de la fouine ou de la belette.

Poulets.

Après les oies, les poulets sont les animaux les
plus aisés à élever, mais plus coûteux que les
oies, qui ne vivent que d'herbe. On doit donner
de l'orge aux poules couveuses, qui ne peuvent
sortir pour chercher leur vie. Quant à la quantité
d'œufs, qu'on ne leur en mette pas plus de 12
ou 14; un plus grand nombre les gênerait trop,
et les empêcherait de les échauffer également.
Lorsque les poulets sont éclos, on les nourrit avec
du pain émietté, qu'on leur donne plusieurs fois
le jour. On peut, comme pour les dindons, réunir
plusieurs couvées ensemble, pourvu qu'il ne se
trouve pas plus de 18 poulets sous une même
mère, qui ne saurait en rassembler une plus
grande quantité sous ses aîles.

Soins maternels du chapon.

Quelques auteurs prétendent que lorsque les œufs sont éclos, il faut renvoyer la poule et donner les poulets à un chapon qui les conduit; par ce moyen, le chapon se rend utile, et la poule recommence à pondre ou à couver. La manière de décider les chapons à devenir ainsi mères, c'est de leur arracher les plumes sous le ventre, et de le leur frotter ensuite avec des orties; la démangeaison qu'ils ressentent les oblige, dit-on, à rassembler les petits poulets sous leurs aîles. Mais ce sont là des inventions que la nature rejette, et qui, par conséquent, ne peuvent réussir que très-rarement.

N. B. Je n'ai pas parlé du Jardin potager, ni des Abeilles, parce que ces objets n'entraient pas dans mon plan, et parce qu'il y a, sur ces sujets, plusieurs ouvrages qui laissent peu à desirer. On peut, pour les mouches à miel, consulter avec beaucoup d'avantage, l'Instruction de M. Serain; ouvrage très-estimable, qui se trouve chez les Éditeurs de celui-ci.

CONCLUSION.

Mon annuaire finit avec Avril et la semence des mars, puisqu'il a commencé par décrire en Mai la culture des jachères. Le lecteur a vu, en Juin, la récolte des fourrages; en Juillet, la continuation des labours, et les soins qu'ils exigent; Août et Septembre lui ont appris la manière de récolter avec succès les grains de chaque espèce; nous avons semé avec lui en Octobre et planté en Novembre; Décembre et Janvier, en l'invitant à la joie, ne lui ont imposé d'autre soin que celui d'économiser pendant l'hiver; les travaux préparatoires de Février et Mars l'ont arraché au plaisir de la ville, et il a reçu en même tems les instructions nécessaires pour ses troupeaux : chaque mois lui a donné aussi son avis pour la nourriture et les soins qu'ils exigent suivant les saisons.

Je crois donc avoir rempli mon but, qui était de mener le cultivateur pas à pas, de labourer, de semer et de récolter avec lui. Il ne me reste plus que de lui recommander, avec Olivier de Serres, d'implorer l'aide du Tout-Puissant, et de respecter le jour qu'il s'est consacré en créant l'univers.

Au maître des saisons adresse donc des vœux (1).

Feriæ serventur, nous dit encore un payen (2).
Je ne lui dirai pas comme les anciens :

Lis aux voûtes des cieux (3).

Jusqu'à présent, je regarde cette lecture comme peu praticable au commun des hommes ; et je laisse, au disciple de Toaldo, le soin de voir, dans les sigies de la lune, les variations du tems.

Puisse mon ouvrage encourager ceux qui commencent, et leur apprendre, sans peines, ce que je n'ai pu savoir qu'après un travail opiniâtre et des recherches considérables ! Mais il est tems de terminer une carrière déjà trop longue pour mes forces.

Sed nos immensum spatiis confecimus æquor,
Et jam tempus equûm fumantia solvere colla (4).

F I N.

____

(1) Traduct. des Géorg. par Lelille, l. 1.
(2) Caton.
(3) Traduction des Géorgiques, par Delille, livre premier.
(4) Virg. Georg. lib. 2.

TABLE

DES ARTICLES CONTENUS DANS CE VOLUME.

INTRODUCTION.

CHAPITRE Ier.

CHAPITRE II.

DEUXIÈME PARTIE.

TROISIÈME PARTIE.

ANNUAIRE.

FIN DE LA TABLE.

Avis aux Cultivateurs.

Les personnes qui , dans cet ouvrage , trouveront des plants
ou graines qu'ils voudront cultiver et multiplier , pourront en
faire la demande aux frères TOLLARD, marchands grainiers fleu-
ristes et pépiniéristes , rue de la Monnaie , n°. 2 , à Paris.

www.ingramcontent.com/pod-product-compliance
Lightning Source LLC
LaVergne TN
LVHW010301190726
843502LV00014B/603